20岁不努力，40岁会出局

~~~~~~~~~~~~~~~~~~~~~~~~~~~~~~~~~~~~~~

打造不依附于平台的
核心竞争力

刘仕祥——著

海天出版社

图书在版编目 (CIP) 数据

20岁不努力，40岁会出局 / 刘仕祥著. 一深
圳 : 海天出版社, 2018.9
　　ISBN 978-7-5507-2362-7

　　Ⅰ.①2… Ⅱ.①刘… Ⅲ.①成功心理—通俗读物
Ⅳ.①B848.4-49

　　中国版本图书馆CIP数据核字(2018)第044420号

20岁不努力，40岁会出局
20 SUI BU NULI, 40 SUI HUI CHUJU

出 品 人　聂雄前
责任编辑　涂玉香　张绪华
责任技编　梁立新
封面设计　元明设计

出版发行　海天出版社
地　　址　深圳市彩田南路海天大厦(518033)
网　　址　www.htph.com.cn
订购电话　0755-83460239
设计制作　蒙丹广告0755-82027867
印　　刷　深圳市希望印务有限公司
开　　本　787mm×1092mm　1/16
印　　张　19
字　　数　232千
版　　次　2018年9月第1版
印　　次　2018年9月第1次
定　　价　42.00元

做不可替代的自己

我曾经有过一段被踢出局的经历。

那时我还在读大学，到一家世界 500 强公司人力资源部门实习。

领导说，如果工作表现优秀，就可以留下来。

所以，实习第一天，我就跟黄牛似的，脏活累活，全都包揽了。同事交办的事情，我都毫无怨言地完成。

然而，有时候，黄牛式的努力，并不能够让你站稳脚跟。

3 个月实习期过后，领导委婉告诉我，公司现在不需要实习生了，所以要和我中断实习协议，也就是说，我再也没有机会留在这里。

我不甘心，问："我很努力，为什么走的是我？"

领导说，这是公司的决定，他也没办法。

我没有再争取。后来，我才知道，跟我同去的那个同学留下来了，仅仅因为他是做技术的。像他这样的人，在人才市场上比较稀缺，很难招到。而我，仅仅是一个打杂的而已，我的工作谁都可以做，街上随便一抓就是一大把。

我终于明白，有时候，不是你拼命努力就可以，如果你的努力对别人来说没有价值，照样会被踢出局。

我没有难过，反而感谢这段经历。

如果你没有核心竞争力，如果你不能创造独特的价值，如果你没有做到不可替代，那你在职场中连讨价还价的资本都没有。

自那以后，我就告诉自己，我必须让自己变得不可替代。

我首先找到了自己的方向，做人力资源管理，然后朝着这个方向努力。我不再盲目地出卖自己的时间，去做无效的努力。

工作后的第四年，我就掌握了人力资源的全模块工作内容和方法。在公司里，我终于能做别人做不了的事情了。

但我会问自己：如果某一天公司把我炒了，我还可以很快找到更好的工作吗？

我想，不如试一试。所以，4年后，我跳槽了。我很快就找到了一个职位更高、薪酬更高的工作。

但是，因为我获得了更高的职位、更高的薪酬，所以就变得不可替代了吗？

显然不是的。

后来，在实际的工作中，我经常遇到这样的人：40来岁，上有老下有小，而且还生了二孩，另一半当全职妈妈，家庭的重担全落在他一个人的身上。

突然有一天，他所在的部门由于经营不善要被裁掉。公司说：部门没有了，公司也不能白养着你，赔你点钱，你去找别的工作吧！

就这样，他被更年轻的人替代了。

原来，就算随着年龄的增长，你爬上了公司的最高层，但某一天，这家公司突然因为诸如经营不善或者业务调整等原因需要裁员的时候，你还是有可能被公司踢出局。那时，你还可以泰然自若地生活着吗？还可以快速找到能让你生存的平台吗？

对很多人来说，可能再也找不到。

而那些能够不惧怕任何变化的人，才是真正不可替代的人。

当40来岁的时候失业了，那时该怎么办？我时常在想这个问题。

所以，在工作 6 年后，我就选择了创业。我想提前看看，当离开企业之后，我是否能够过上我想要的生活。我发现，离开企业后，我也能够生存下去，也能够创造价值，甚至比以前在企业为别人打工的时候，内心更加充盈和自在。

这时，我才深深体会到，现在的自己，才是任何人都不可替代的。

原来，真正的不可替代，是你的价值不依附任何人、任何平台；当独立于这个世界上任何人、任何外在平台时，你依然可以出彩。

由于工作上的原因，很多人遇到职业生涯发展上的问题，都会找我咨询。

很多人的问题，其实都可以归结为一个问题：你是否不可替代？

20 岁的时候，你没有核心竞争力，所以你总担心自己是否能够在企业站稳脚跟。但没关系，因为你还年轻，你还有时间去提升自己。40 岁之后，因为 20 岁的虚度，30 岁的盲目努力，造成 40 岁的不作为。此时，你还有时间去努力让自己变得更好，但你浪费了 20 年，所以 40 岁的你，要么出局，要么坚强地重新开始。但更多的人，是在 40 岁的时候，看到了自己人生的终点。

很多人问我，为什么要做生涯规划？在我的理解里，所谓"生涯规划"，就是让你在 20 岁的时候有目的地努力，从而让你在 40 岁的时候，变成不可替代的自己。

这也是我写这本书的初衷。

为什么而努力？如何努力？怎样才能更有效地努力？这是人生必须搞明白的 3 个问题，也是本书重点探讨的主题。

通过这本书，你将会弄清楚以下可能困扰你很长时间的问题：

◆　你想成为什么样的人？

◆　你生命中最看重的东西是什么？

◆　兴趣和生存对你来说，该如何平衡？

◆　以兴趣找工作，是否靠谱？

◆　你最强的能力是什么？

◆ 该如何养大你的能力？

◆ 如何快速成为一个领域的专家？

◆ 如何找到有发展前景的行业？

◆ 如何判断一个企业是否靠谱？

◆ 如何发现你的独特性？

◆ 如何发现你的优势，培养你的核心竞争力？

◆ 真正决定你出局还是出众的是什么？

◆ 如何成为职场中强大的自己？

◆ 如何让自己成为高效的行动派？

◆ 如何正确面对生命中的不公？

…………

还有很多问题，由于篇幅的原因，我在这里不再一一列举。

针对以上问题，这本书总共分为 10 个章节，分别探讨在生涯规划和生涯发展过程中，该如何通过努力，做不可替代的自己。

第一章，主要讲是什么让中年危机落在了你的身上；是什么导致你在 40 岁的时候会被踢出局；你该如何应对。如果你想知道该如何系统地让自己变得不可替代，那么这一章你不容错过。

第二章，主要讲如何发现你的价值观，彻底地探讨你想成为什么样的人。你生命中最看重的东西是什么。如果你在生涯决策时犹豫不决，这一章的一些工具和方法或许对你有用。

第三章，主要讲如何找到和你的兴趣相符的工作。如果在你的生命里，兴趣和生存不可兼得，那这一章你一定要看。

第四章，主要讲如何提升你的能力，成为某个领域的专家。能力是工作的基础，但如何提升你的能力？这一章，将给你系统的方法、工具、技巧，让你成为一个很厉害的人。

第五章，主要讲如何选择对的平台。在职场中，人们经常面临选择哪个行业，哪个企业，是否要跳槽，是否需要创业，如何选择一份好的工作等问题。这一章，将给你想要的答案。

第六章，主要讲如何发现你的独特优势，建立你的核心竞争力。这一章，将会为你提供很多发现你的优势的方法、工具。

第七章，主要讲决定你出众还是出局的思维模式是什么。了解这些思维模式，将有助于你在激烈的竞争中脱颖而出。

第八章，主要讲如何成长为强大的自己，无论是内心还是外在。看了这一章，将有助于你成为一个阳光自信的人，为你实现职业目标保驾护航。

第九章，主要讲如何让你变得专注，提高自己的行动力，让你的计划落地，并变成你想要的结果。这一章，有很多目标管理工具、方法、技巧，让你成为高效的行动者。

第十章，主要讲如何在孤独的奋斗历程中，学会忍受寂寞，坚持下去。

10 章内容，每一章都是干货，每一章都有可行的成长方法。

不管你现在是 20 岁，30 岁还是 40 岁，如果你有幸拿起这本书，我希望这对你而言是全新的开始。

现在，请跟着我，开启你成为不可替代的自己的旅程吧……

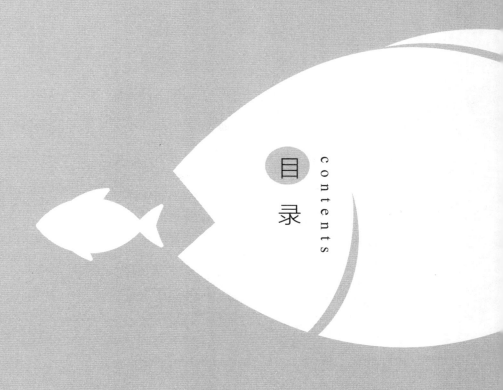

目录 contents

目录 contents

Part 1

中年危机：
别让恐慌落在你的身上

20 岁不努力，40 岁会出局

之所以写这篇文章，源于我多年前的一次招聘经历。

我以前的公司是做 UPS（不间断电源）的，跟华为算是竞争对手。有一年，公司扩大投资，需要招聘新疆办事处销售经理，负责新疆市场的开拓。

提出招聘需求之初，领导便要求，35 岁以上的人不要，不管他过往的经历多么厉害。

第一次听到这种要求，我很纳闷：难道 35 岁以上的人，就没有机会再找工作了吗？

其实，公司并没有年龄的歧视，只是领导个人的喜好，说大了是企业的用人理念。我只能服从。

我开始筛选简历，结果发现，符合这个岗位要求的人，年龄大多在 30 岁到 40 岁。

但没办法，领导的要求大于一切，我只能继续找。竭尽全力，我终于找到一位 35 岁以下的候选人。电话面试后，我觉得他的素质一般，但简历实在太少，在跟领导沟通后，领导同意约他过来看看。但一轮面试下来，他没有通过，我唯有继续找。

有一天，我看到了一份非常不错的简历。简历的主人叫童小兵，毕业于名牌大学，从毕业到现在，做过技术支持的工作，近几年一直从事销售工作，而且在爱默生做过同样的岗位。初看简历，我发现他非常符合公司的岗位要求。

唯一的遗憾是，他今年40岁了。

考虑到领导的要求，我想放弃邀约他过来面试的念头。可是他确实符合公司岗位要求，放弃了多可惜。"也许我强力向领导推荐，他或许会放宽招聘的要求。"我心想。于是，我决定跟他电话沟通一次，如果合适的话，就推荐给领导。

电话沟通后，更加坚定了我推荐他的想法。我认为，他的沟通表达能力以及销售方面的资源，都足以抵消他的年龄劣势。他也非常希望能够有面试的机会。

放下电话，我打印了他的简历，来到了领导的办公室。我详尽地跟领导汇报了他的情况，并极力推荐他。

"新疆办事处主任才33岁，找个40岁的销售不好管理。而且，40岁还在做低端的销售岗位，肯定有问题，都是老油条了。销售需要年轻人的冲劲。你继续再找找！以后普通销售岗35岁以上的人就不要推荐过来了！"几句话，领导就驳回了我的意见，没有一点回旋的余地。

离开领导办公室，我给童小兵回了电话，委婉地告诉他，公司领导说要考虑一下。他似乎明白了我的意思，在电话那边叹了一口气，说"好可惜"。

他告诉我，就算做不了同事，也可以做个朋友。他加了我的微信，希望以后来深圳的时候，有机会跟我见面聊聊。我答应了他。

就这样，我们很久没有再谈工作上的事情，但他一直给我发关于自己职业生涯的困惑。我也给了他很多建议。

我开始深深思考年龄对于职业发展的影响。是不是对有些人来说，到了40岁的时候，就要被淘汰出局，再也没有换工作的权利？甚至就算不跳槽，继续在原公司待着，也有可能被踢出局？我一直不得其解。

前段时间，网上报道，华为开始集中清理34岁以上的交付工程维护人员以及40岁以上的程序员。这在社会上引起了轩然大波。

其实很多公司跟华为一样，在一些执行和策划岗位，宁愿找一个应届生，也不愿意找年龄大，但薪资要求却很高的候选人。这是我们不得不面对的现实。

很多猎头公司也明确表示，他们几乎很少挖角40岁以上的人，除非企业特别要求。除了高层岗位，一般企业都要求35岁以下，更别说40岁。这样的要求，直接给40岁以上的人关上了寻求更好机会的大门。

其实站在企业发展的角度，我很理解这些举措。现在，企业竞争非常激烈，稍有不慎就会被淘汰。所以，企业都希望雇用那些有活力、有创造力的年轻人，这样才能保持企业的竞争力。

但站在个人的角度，我又觉得很残酷和无奈。

如果你在40岁的时候，已经实现了财务自由，那你将可以很好地面对这种现实。但实际上，90%的人不得不面对的现实是：40岁，上有老下有小，肩负着巨额的房贷和巨大生活压力，体力和精力开始走下坡路，却还是只能依靠月工资来维持自己的生活。

原来40岁之后，没有中间选项，要么实现财务自由，变得不可替代，从容生活；要么被淘汰出局，艰难度日。

去年，我再次见到了童小兵。他来到深圳，我们约在了一个咖啡厅见面。

见到他，我发现他比我想象的更高大和精神，只是缺少了一个40岁男人应该有的自信和稳重。

我们相互了解了近期的情况。从他的谈话中，我知道了他现在没有在企业上班了，因为没有企业愿意聘用他，他只能跟朋友做点零散的生意养家糊口。

"你有想过继续回到企业上班吗？"我问他。

"想过，但面试过很多家，他们都以不符合岗位要求拒绝了我。其实，我知道是因为我的年龄。"言谈中，他透露出来一些无奈。

"一些高层管理岗位还是会招聘年纪大的，比如销售总监。"我想给他一点建议。

"我也想过，可是我年轻的时候，并没有对未来有多大的规划，只想着过一天算一天。我毕业于名牌大学，毕业后也在知名企业工作过，刚开始收入还不错。可是刚毕业的那几年，我觉得每个月有工资拿就好了。工作算不上出色，但也过得去。我也没有把时间放在自我成长上，所以工作那么多年，都是靠过往的经验。就这样过了很多年，我在职业生涯中一直没有突破性的进展。"

"你想过通过努力让自己变得更加强大吗？"我问他。

"那时真没有想过，这点是我最后悔的地方。我觉得自己能力一般，就适合做个普通员工，所以也没有努力让自己在这个领域有更大的发展。就这样，到了 35 岁的时候，我还是一个普通的销售员。我想跳出来，却发现找工作有点困难了。随着年龄的增长，我越来越被动。就这样，陆陆续续地，我彻底脱离了职场。最近这些年，我都在跟朋友合伙做点生意，但成绩也一般般。"童小兵似乎对自己的过去有很多后悔。

是啊！年轻时不努力，到了中年，职场就不再有你的位置。多少人，因为年轻时的蹉跎，错失了成长的机会；多少人，因为 20 岁的不努力，导致 30 岁的虚度，40 岁的恐慌。

我给了童小兵建议：可以在新的领域重新积累，但要加快自己成长的步伐。

他对我的建议表示了感谢。告别童小兵，我写下了这篇文章。希望所有的年轻人，不再浪费生命，而要让自己的生命，因为20岁开始的努力，变得更加有厚度。

努力，只是不想在 40 岁的时候，被踢出局

也许很多人会问，我还那么年轻，努力的意义在哪里？

我也曾经怀疑过努力的意义，这也许是源于我看过的一个故事。

一个富翁看到一个年轻的渔夫躺在沙滩晒太阳。富翁问：你怎么不去打鱼？渔夫反问：打那么多鱼干吗？富翁答：这样可以多换一些钱啊！渔夫问：要那么多钱干吗？富翁答：你可以买一条大一点的船，再雇人帮你打鱼啊！渔夫问：那又怎样？富翁答：那样你就可以躺在沙滩上晒太阳了……渔夫说：可我现在就在晒太阳啊！

是啊，我们那么努力，可是辗转之后却发现，努力之后得到的却是我们已经拥有的。那么，努力到底是为了什么呢？

我不想夸大努力的价值，可是下面的故事却瞬间改变了我对努力的想法——努力，只是不想在 40 岁的时候，被踢出局。

我曾经所在的公司有一个老员工，在公司已经有 15 年了。以前的公司是国企，他可以靠着自己的资历继续干下去。可是，国企改制后，公司人事改革，用人不再看资历，而是看能力。所以，他迅速被应届生取代了。考虑到他以前对公司的贡献，公司给了他一个行政的虚职，但是他的工资也因此降了一半。

后来他不同意，只好拿着公司的补偿金离开了，但是他从此也失业了！

二孩之后，公司没有了我的位置

我还听过这样一个故事。

　　小N是公司的行政专员，入职公司近5年。这一年，小N怀孕了。由于身体的原因，小N不能再从事原来的行政工作，但因目前公司已无多余岗位安排，所以公司决定安排小N从事简单的前台工作，并对其做了相应的降薪调整。考虑到自身的情况，小N唯有同意公司的做法，想着休完产假后再调回原来的岗位。

　　可是，由于行政工作繁忙，公司又对外招聘了一个行政专员。待小N休完产假回来，发现自己的位置早已被别人代替了。

　　无奈，为了自己的职业发展，小N唯有辞职了。

　　我们努力，是为了能够在困境中，有更多的话语权。而只有强大的人才有话语权。以前，我所在的公司有一个员工，是公司的项目主管，能力很强。她也面临因怀孕而不能工作的情形。这个岗位的工作经常要出去外面跑，由于身体原因，她实在无法再胜任这项工作。然而，距离她休产假还有半年的时间。公司没办法，只能给她安排一些轻松的文员工作，但是考虑到她对公司做过的贡献，还给她保留了职位和薪资。她原来的工作要么交给同事，要么交给下属。

　　强大的人才有话语权！这是我最大的感受。当公司不希望你离开的时候，才会考虑你的感受！让自己强大，不管你现在处在什么位置。如果你不够强大，就很容易被别人替代，将来如果面临怀孕生子，都有可能被炒。在20多岁的时候，拼命努力，不仅是为了我们自己，更是为了给我们下一代创造更好的环境！

　　读到这里，每个人都应该思考的一个问题是：如果我们现在20来岁，该怎样在40岁的时候掌控自己的命运？如果已过了而立之年，我们更要面对当下，考虑该如何更从容地走好接下来的 10 年。

终其一生，我们只是为了做一件事，那就是掌控自己的命运。面对变幻莫测的世界，我谈谈我的建议。

尽快找到适合你的方向。找到正确的方向，再出发。没有方向的人，就如同飞进玻璃瓶的苍蝇，毫无目的地乱撞，期望能够找到出口，可最终的结果是，撞得头破血流，也无法找到那个能看到阳光的出口。

自我增值，以不变应万变。面对变幻莫测的世界，对于我们来说，真正应该做的是，回归自身，不断学习，打造自己的核心竞争力，让自己变得更加强大。只有这样，即使世界千变万化，我们也可以将命运掌控在自己的手中。

不断努力向上爬。太多的朋友，死在了自我满足和自我设限上。满足于平庸的自己，满足于"差不多"的自己。工作前 3 年，如果你习惯于告诉自己做不了主管，那你这辈子就真的只能做专员；工作 5 年后，如果你告诉自己做不了管理，那你这辈子就注定只能做一个普通员工。

不放弃向上，终会出头！**在合适的时间做合适的事情，获得符合你年龄阶段应该获得的地位，才能真正活得从容，让你变得不可替代。**

实现财务自由是每个人的梦想，但"二八法则"告诉我们，真正能够实现财务自由的，仅仅是少数人。如果不能实现财务自由，那就让自己变得不可替代。我觉得财务自由不应该是目标，而应该是你实现自我价值之后的附加产物。

努力投资自己，让自己不可替代，也许财务自由就离你近一点了。

我写这本书，就是希望可以真正地帮助大家做到不可替代，成长为想要的自己。

出身不好，我们拿什么拼？

2015 年秋，我第一次遇到他，是在惠州市的看房现场。他是我一个朋友的朋友。

姑且叫他陈狼吧。他的真名并不叫陈狼，只因其做事有狼性，故得名"陈狼"。

第一次见面，我发现他个子不高，穿着掉色的棕色夹克，梳着三七分头。一见到我，他就露出标志性的洁白的牙齿，然后乐呵呵跟我握手。对乐观的人，我有种莫名的亲近感。

通过初步交谈，我了解到，他两年前开始帮一个老板管理二十几名员工。我心里暗暗佩服，看他年纪挺轻的，也就二十七八岁。由于时间关系，我们匆匆交换了名片，就告别了。

2016 年 3 月，他发微信给我，说他在职业发展上有点困惑，想约我聊聊。我答应了。

见到他，我首先打开了话匣子。这一次，我对他有了更多的了解。

陈狼出生在广东北部的一个贫穷山区，父母务农，家里还有弟弟妹妹在读书。他今年 26 岁，比我想象中年轻。他没有读大学，18 岁之后就来到了深圳打拼。

我问他："你在深圳有亲戚吗？"

他回答："没有，来深圳的时候，我连一个认识的朋友都没有！"

听了他的回答，我对他有了想了解更多的欲望。

陈狼主动聊了起来："2008 年刚来深圳的时候，我兜里揣的是父亲给的 200 块钱。除去来深圳花掉的车费，当晚在一个旅馆住了一晚，买了一些生活用品之后，我兜里就只剩下 103 块钱了。我的想法就是尽快找到工作。来深圳之前，我在家里学过一些维修技术，所以一直想找相关的工作。可是，来到深圳之后，发现企业都要招聘有相关工作经验的，所以我面试了很多家，都没有通过。来深圳的第四天，我的兜里就只剩下15块钱了。"

"我得先让自己活下来。"陈狼继续说。所以，他决定第二天先进工厂做普工。

"在深圳，只要你肯干，就不会被饿死。"陈狼这句话，让我看到了他的狼性。

我问他："你在深圳应该做了很多工作，才做到了现在的位置吧？"

陈狼说："是的，做普工做了一年多，存了一点钱后，我就跳槽了，接着在一家工厂做了将近4年的技术员。就是在这家工厂，我遇到了现在的老板，然后跟着他创业并学做销售。再后来，公司扩大，老板去了上海，深圳的工厂作为分公司，由我来全权负责这边的市场拓展工作。"

我问他："你觉得是什么让你得到了老板的青睐？"

陈狼答："这么多年持续不断的积累，加上我是个很愿意付出的人，他可能比较认可我这两点。当然，我觉得自己还是有能力的。否则，别人再认可你，你没有这个能力，你也没办法要求别人长期只靠认可你就跟你合作。没有基于能力的认可，只是同情。"

这一次见面，本来是他想向我求教，最后反倒变成了我向他求教。我太想了解一个出身不好的人，是靠什么来逆袭，华丽转身，过上自己想要的生活的。

出身不好，你拿什么拼？

这一次见面，让我对这个问题有了全面的思考。

拼学历

当今社会，"读书无用论"风靡。

经常会听到这样的言论：读书没有什么用，还不是一样打工！

这些言论，往往是源于某个低学历的人通过努力，当上了老板，然后招聘了研究生给他打工。所以，在这个人影响力范围内，很多人都会认为读书没有用，因为读再多书还不是要帮没有学历的老板打工。

表面上听起来，这些言论有其正确性，但其背后的逻辑并不行得通。世界上任何事情都有其特殊性，不能因为一部分人没有读书，通过自身努力实现了梦想，就否定读书的作用。其实，读书的作用，因人因景因阶段不同，所起的作用也不同。

第一，对大部分出身不好的人来说，读书似乎是他们翻身最好的方式。我认识一个朋友，他读大学的时候，家里人砸锅卖铁供他读完大学。他也很争气，通过自己的努力，在城里买了房结了婚，也把父母接到城市来生活了。如果没有读书，他的命运可想而知。他可能现在还在家里继续父辈"面朝黄土背朝天"的生活。

第二，学历是进入企业的敲门砖。学历是很多企业招聘的基本条件，如果没有学历，连面试的资格都没有，这就是现实。

第三，学历是你走向打工皇帝之路的有力保证。根据东方财富网的统计数据，截至 2016 年，从上市企业持股高管的学历来看，本科及以上学历占多数，其中履历显示为本科的持股高管共 3089 人，占比 40.61%；硕士毕业共 2581 人，占比 33.93%。另外，有 12 位高管的学历达到了博士后水准。而仅具初中和小学学历的分别只有 28 和 1 人，后者为创业板公司泰胜风能创始人之一。可见，在上市企业持股高管中，高学历的人居多。

所以，拼学历，是你走向财富之路的有效法宝。

拼能力

能者上，庸者下。这是世界 500 强企业的用人标准。自由经济时代，这个世界变得越来越公平。看似拼爹，其实更多的时候是拼能力。

我曾在一家集团公司工作过，老板白手起家。在创业初期，他就立下规矩，绝不允许任何人靠亲戚关系进入公司。就算是想进入，也需要通过人力资源部、用人部门等公平公正的面试之后才行。如果谁不遵守这些规定，谁就离开公司。有了这些明文规定，大家在公司都感受到了公平公正，所以都努力拼搏。现在，这家公司已经是这个行业的领头羊。

企业需要靠的是员工的能力，而不是亲情。如果老板非要安排一个没有能力的人进入公司，对公司的伤害是非常大的。这是因为：第一，让员工觉得不公平，损害士气；第二，没有能力就没有好的绩效，没有好的绩效，公司迟早会倒闭。所以，对于企业来说，这样是百害而无一利的。

拼爹，是留给平庸的人的。厉害的人，就算有个厉害的父亲，他们也会靠自己的能力来实现自己的梦想。

拼能力，是你在这个自由经济时代逆袭的不二法宝！

当然，能力和学历并不矛盾，但如果你跟我的朋友陈狼一样，没学历，那你就要学会提升自己的能力了。

该如何提升你的能力？我在下面的章节会详细探讨。

拼人脉

也许你没有学历，个人专业能力也一般，但如果你的人脉资源很丰富的话，一样可以实现你的梦想。

现在是一个可以借力发展的社会，即使你深陷低谷，只要你善于借力，也一样可以出人头地。

2008年，张艺谋导演的北京奥运会开幕式，让世界震惊！

张艺谋的成功靠什么？有人说是才华。张艺谋确实有才华，但其实他成功的因素，是他结交的人脉。

20世纪90年代，张艺谋的事业陷入低谷，不是因为他没有才华，而是没有人愿意投资他导演的电影。这时，他的人脉发挥了很大的作用。他的朋友张卫平主动拿出大笔钱投资他导演的电影。于是，我们后来就看到了《我的父亲母亲》《有话好好说》等一系列高水平的电影。

后来，张卫平还赞助张艺谋拍摄大型古装影片《英雄》。这部影片开启了中国商业大片的时代，获得了巨大的成功。至此，张艺谋的事业走上了巅峰。

范仲淹从小家境清贫，为了上学，他只好节衣缩食。终于，他的勤劳好学打动了庙宇长老，长老送他到南都学舍学习。经过刻苦攻读，他终于成了著名的文学家。可以说，是人脉助范仲淹从无到有。

俗话说："一个竹篱三个桩，一个好汉三个帮。"在现代社会中，任何人要完成一项任务，离开社会、离开群体、离开他人是不可能的。这个世界上有能力的人很多，然而成功的人却很少，甚至有人痛感自己怀才不遇，为什么？一个重要的原因就是他们在人脉处理方面有所欠缺。

如果你没学历，专业能力一般，那就好好经营一下自己的人脉吧！

出身不好，拿什么拼？或许拥有以上3样东西，可以帮助你获得你想要的人生。

实现月入5万的3条路径

有一件事情我想得很明白，那就是我想要什么样的生活。

在我小时候，我父亲和别人一起做点小生意，所以在我们那里，我家算是改革开放以后第一批发家致富的。后来，由于父亲投资失败，家道中落，我的人生从此跌入谷底。失去父亲的帮助后，我唯有靠自己。

读大学的时候，当面临退学，我告诉自己，我可以靠勤工俭学，过上自己想要的生活。那时的我，还处在一穷二白的阶段，但我对自己非常有信心。为了过上不一样的生活，我来到了繁华的深圳，我知道这里可以实现我的梦想。

当你知道自己想要什么，全世界都会为你让路。

毕业后，"通过几年的努力，我的事业终于慢慢走上正轨。曾经有个朋友问我："你觉得你还要多久才可以实现财富自由？"我的答案是："不知道，但我已经走在这条路上。"

我的底气来源于我知道自己走的路实现梦想的可能性有多大，以及我已经有了可执行的方法，而且已经取得了一定程度的成功。

工作多年后，我选择了创业。我知道这才是最适合我且能够实现我的价值的道路。不管怎样，我都会坚定不移地走下去。很多人问我是否会迷茫，我说我不会。这条路，我想得很透彻。其实，只要把你想要的以及它能给你带来什么进行匹配并想透彻后，你就不会迷茫了。对我而言，创业意味着更大的可能性。在我的价值观里，要么实现梦想精彩地活着，要么在战斗中悲壮地死去，没有中间选项。

当知道实现梦想的可能性有多大的时候，你的每一步才会走得更加坚定有力！

很多时候，一个人会迷茫，主要有 3 个原因：第一，没有目标，不知道做什么，看不清未来的前景；第二，有目标，但能力却撑不起自己的梦想，形成巨大的落差；第三，制定了错误的目标，导致你和梦想渐行渐远。

不管是什么原因，都离不开找到对的目标。

有一次，一位学员 S 对我说："刘老师，我非常钦佩你的勇气，你做过很多别人不敢做的事情。我也希望能够成为像你一样的人。"

我问他："那你的目标是什么？"

他答道："我的目标是在 30 岁前月入 5 万！"

　　我问他："你为什么要月入 5 万呢？"

　　他答道："这样我就可以在 45 岁前退休了。"

　　我问他："你今年多大了？"

　　他答道："今年 27 岁了！"

　　我问他："这些年，你为实现你的目标做过什么事情吗？"

　　他沉思了一下，说："也做过，但是我不知道我做的事情是否能够帮助我实现目标。我感觉可能性不大，因为我现在只是一个月工资5000 元的打工仔。"

　　我对他说："其实，你的人生目标不应该是金钱，你应该要有实现目标的载体和能力。"

　　一个人要实现自己的梦想，有两个条件：第一，有发挥能力的载体；第二，有实现梦想的能力。这两个条件缺一不可。

　　当我们把目标定在金钱上的时候，往往会忽视对平台的选择以及能力的提升。而这两种东西才是你实现目标的根本。金钱其实是我们实现目标的附加产物而已。金钱不是追求来的，而是当你实现自身价值的时候，它就会自然而然地来了。

　　这是本书的观点之一：**在适合的载体上，不要把时间放在追逐金钱上，而要把时间放在创造价值、提升能力上。**

　　载体不一样，你发挥能力所取得的结果就不一样。对学员 S 来说，继续通过打工这个载体，也许永远也实现不了他月入 5 万的梦想。

　　对于一个普通人来说，月入 5 万到底意味着什么？实现的可能性有多大？

　　如果你的月工资是 5 万元，按法律法规全额缴交五险一金，公积金按照 5% 的比例扣除，则个人需缴纳公积金 2500 元；个人需缴纳社保 5250 元；扣除个税 8870 元，最终到手的工资是 33380 元。这种收入，在中国应算是中产阶级的水平。

按照麦肯锡全球研究所下的定义，中国中产阶级是指那些年收入（按购买力算）在 1.35 万到 5.39 万美元（约合人民币 9 万到 36 万元）之间的人。这样算来，你月工资 5 万元，已达到中产阶级的顶层。

按照月工资 5 万元到手收入 33380 元计，15 年到手收入是 6008400 元。深圳市 2017 年 1 月的房产均价是 49940 元 / 平方米。也就是说，奋斗 15 年，不吃不喝，你就可以在深圳买一套 120 平方米的房子（按照 2017 年的价格）。但对大部分人来说，这却是奢望。

毕业之后，我们有着各种各样的梦想，而财务自由，也许是每个人心中最坚定的梦想。月入 5 万的梦想，你这辈子有机会实现吗？

一个人实现梦想的载体，主要有 3 种，分别是：打工、个体、创业。接下来，我为大家一一分析，你实现月入 5 万的可能性。

打工。打工指通过自己的劳力或脑力为公司、机构等提供劳动、服务，并获得收入。在这里，有两个数据供大家参考。第一个数据是，北上广深 2016 年平均工资：上海以 8825 元位居榜首，北京以 8717 元位列第二，深圳以 8141 元位居第三，杭州以 7267 元位居第四，广州以 7178 元位居第五。第二个数据是，据统计，2015 年 913 家国企董事长平均年薪 39 万元。

看了以上的数据，你应该可以看出，打工可以实现你月入 5 万的梦想，只是你需要做到一家企业的高层，才有这样的可能性。

个体。这里的个体，指的是既不为企业打工，也不是创业，只是单纯地通过个人提供的服务来获取报酬。比如作家、自由讲师等。

现在是崇尚个人品牌的时代，很多人通过打造个人品牌，实现了财务自由的梦想。

30 岁的时候，吴晓波开始写书。此后，他一发不可收，以每年一本书的速度写作。2009 年，他以 750 万元的年度版税收入荣登"2009 第四届中国作家富豪榜"第五位。

咪蒙，号称"国民励志女作家"，一向以犀利、刻薄、泼辣的形象示众，引爆新媒体阅读神话。其微信公众号粉丝超过 1000 万，单篇文章阅读量随随便便就超过 10 万。其公众平台发一篇广告推文收费 40 万元起，月广告收入 300 万～ 500 万元。

打造个人品牌，是一条实现财富梦想的道路。

个体和打工完全不同。上班，会有领导安排事情给你做，你只需要把它做好就行了。但是一旦你做了个体，所有的事情都必须由你自己来安排，所以需要很强的时间管理能力。选择做个体，有两点是必须考虑的：

第一点，要有一定的经济基础，足够支撑你生活半年以上。一旦做了自由职业者，意味着你的生活来源需要靠自己，再没有公司给你发工资了。另外，你的社保怎么解决？这也是你需要考虑的。

第二点就是你要有一技之长。你至少要有一样东西可以为别人提供价值才可以养活自己吧。现在有一种说法叫"斜杠青年"，也就是"多重职业"的意思。在走个体之路之初，大家不妨先从事多种职业，让自己可以更好地过渡。

创业。创业无疑是一个人实现月入 5 万，甚至获得更多财富的最有效的路径，但前提是创业成功。柳传志说过，创业成功的概率是万分之一。社会中充斥着创业成功、一夜暴富的各种正面新闻，但是更多的创业失败的故事，却被忽略了。在创业之前，要先想想你是否适合创业，不要认为创业收益高就贸然开始。否则，有可能会因为你的不擅长，将你之前的资本积累花光。创业有风险，入行需谨慎。

国家现在很鼓励创业，有一些人成功了，但也有很多人"死掉"了。我自己也曾经走了一些弯路，经过长时间的摸索，在这里跟大家分享一下我的一些经验：

◆ 创业前要确定产品和你的盈利模式，清楚了解你是怎么赚钱的。

◆ 要有详细的计划，然后按照计划一步步去做。

◆ 尽量减少支出。有些钱能不花的先不花，创业之初用钱的地方很多，
所以一定要做好财务计划。

◆ 要有客户资源。客户资源最好在创业前要有所积累。否则，你可能
会在刚开始的时候浪费很多时间。

◆ 要善于借力和靠团队做事，千万不要单打独斗，否则会死得很惨。

综上所述，不难看出，要实现月入 5 万的梦想，还是要回归自身，以自己为中心，不断提升自我，才是月入 5 万的开始。

本书的观点之二：活出自己的独特性。任何人都有这个潜能，关键是你是否找到了适合自己的载体，发挥了自己的潜能。下面的章节，我会围绕这个观点，来谈谈如何发现自我优势，打造个人核心竞争力，让你在激烈的竞争中脱颖而出，实现自己的财富梦想。

最怕你不甘平庸，却虚度最好的年华

今年年初，我见到了分开很久的 Jimmy。

本来我们是想出来喝喝咖啡放松一下，结果却聊到了很沉重的话题——时间。

Jimmy 曾经是个富二代，后来父亲去世了，留下了他和母亲。那年他还在澳大利亚留学。靠着家里的经济实力，他还是完成了学业。

回国后，他先是在一家房地产公司工作。有一段时间，房地产行

业不景气，他改行从事金融行业的工作。金融做了一年，他发现自己不适合在金融行业混，又跑到传媒公司去了。就这样，他在不同的行业里，轮流转换了很多工作岗位。

他突然对我说："如果我能回到刚毕业的时候就好了，那样，我就知道我该干什么了。"

我问他："假如你回到了过去，你会做什么？"

他说："我会选择一份自己喜欢的职业，然后不断提升自己。"

我问他："如果不断提升自己，你会怎样？"

他说："我的能力会比现在强很多，我的事业会比现在要好很多。"

我问他："如果你当初就全力以赴去从事一个职业，你现在会到哪个级别了？"

他说："至少是一个总监了。"

看得出来，他是一个对自己很自信的人。然而，他现在还在为找工作而奔波。

很多时候，一个看似能力很强的人，却有着不如意的职业生涯。这不能称为"怀才不遇"，我觉得称之为"自我坠落"会更恰当。

对于 Jimmy 来说，他有着不错的家境，留过学，起点很高。为什么几年之后，却跌落到了同龄人的低点？

或许从他的叹息中，我们能够获得一些信息：当初没有选择对的行业，当初没有坚持，当初没有在某一个行业深耕。当同龄人都在学习知识、提升能力的时候，Jimmy 却还在忙着跳槽，连方向都没有，谈何提升？差距自然而然就拉开了。

是 Jimmy 自己选择了如流星般的"坠落"。

你是不是也喜欢说那句话："如果当初我怎么样，我现在就是什么样子了"？比如，"如果当初我努力学习英语的话，现在也可以进外企了""如果当初我勇敢地向那个心爱的女孩子表白，现在她就是我的女朋友了""如果当初我坚持写作的话，现在应该也可以出书了"。

我们都喜欢用现在的自己来衡量过去的自己，这其实说明你在成长。只有成长了，你才有可能发出那样的慨叹。因为过去的自己永远是不完美的，而你现在已经知道怎么去做最好的自己了。

然而，时间飞逝，我们再也回不去了。人生最可怕的是，在最美好的青春，却错失了最迅速的成长！

最怕你不甘平庸，却虚度了最好的年华！

很多人之所以迷茫，就是因为在合适的时间，没有做合适的事。刚毕业时，因为从事的不是自己喜欢的职业，蹉跎几年后，跟同龄人的差距就越来越大了。更可怕的是，这会形成一个"惯性"，让你害怕去改变，因为越往后，改变的成本越大。

时间会让我们成长，但时间同样会让我们迷茫和恐惧。

是什么造成了你的迷茫？在这里，我想跟大家分享一下我的看法，希望可以帮助一些朋友：

未能在35岁前建立自己的核心竞争力。核心竞争力包括两方面：第一，你的能力；第二，你相应的社会地位。这跟社会对一个人的认知有关。一般来说，一个人刚毕业的时候，大家都觉得他年轻还可以学习，但是工作了5年之后，如果其能力和社会地位没有提升，往往会导致其职业发展停滞不前，从而陷入被动，进而产生迷茫。

这里说的社会地位，主要是指你在工作中的职位或者在公司的不可替代性。一般来说，30岁以上的人，职位都会上升到经理、总监级别了。所以，你没有利用有效的职场时间建立起自己的核心竞争力，这是导致后来求职困难的原因之一。一个人一旦到了35岁还没有拥有核心竞争力，就会很被动，因为在这个年龄，如果你还在做一些事务性的工作，基本上得不到企业的重视。因为这些岗位都是留给年轻人做的。为什么那么少企业给40

岁的你面试的机会，因为他们都想招聘年轻人。

看似有着丰富的经历，然而这些经历对求职却毫无用处。很多朋友，就跟上文中提到的 Jimmy 一样，起点很高，个人素质也很高，可是发展到最后，却遇到了职业发展瓶颈。原因很简单，很多人的经历，对其求职并没有起到助推的作用。例如，如果你的职业目标是人力资源管理，但是中间有段时间你却因为出国学习，放弃了人力资源管理工作。出国学习看似帮你镀金，其实未必。因为出国学习与人力资源管理工作并没有多大的关系，反而随着时间的推移，你会变得很被动。在现实生活中，有时很多人自以为的镀金其实都在做着无用功。比如，花了很多精力获得更高的学历，但是对晋升却没有多大的帮助，反而占用了很多时间。

到了一定人生阶段，未具备相应的能力。人生就是一个阶段性的发展过程。每一个阶段，我们都有相应的任务。例如在读大学的时候，我们的主业就是学习，如果本末倒置，跑去谈恋爱了，很可能无法取得毕业证，或者一毕业就失业。

同样的道理，刚毕业的时候，我们的任务就是找到自己的职业发展方向，并不断提升自己，为职业发展打下坚实的基础。如果在刚工作的前几年无法确定自己的方向，那么我们就会陷入不断寻找方向的状态，就无法集中精力去提升自己，从而让自己的能力一直处于比较低的水平。如果这样，迷茫就是自然而然的事了。

时间总会过去，但留给每个人的，却各不相同。有的人会在有限的时间里，始终在提升自己，始终做着实现自己梦想的事，那么，若干年后，他就能实现自己的梦想；有的人却在有限的时间里，做着与自己梦想无关的事情，最终只能给自己的职业发展带来被动！

在 30 岁之前，确定自己一生的方向，从而能够集中精力去提升自己，这正是杜绝迷茫恐慌的最有力的武器！

因为，时间飞逝，我们回不去了！一旦陷入虚度时间的循环，我们就会远离成长，从而走进迷茫的轨道，最终一辈子平庸下去。

抱怨与无能是孪生兄弟

有一个周末，我跟朋友去一家保龄球馆打球。在球场中，我们遇到了一个在球馆工作的男孩，他负责帮我们捡球。当没事做的时候，他总是躲在一边拿着手机翻看着。

打了几轮下来，我坐在他旁边休息。

他突然对我说："真羡慕你们这些人，能在这里打球消遣。"我有点诧异，因为这是运动，是出于保持身体健康的需要。小男孩其貌不扬，但是他的话引起了我的兴趣。

我问他，在保龄球馆的这份工作是否是他的正式工作。他摇了摇头，说这只是他兼职的工作，他的正式工作是一家企业的服装设计。

我问他，为什么总在看手机呢？

他说他在学习英语。我看了看他的手机，果然全部都是英语。由于聊得很合拍，他就跟我说起了他的一些事。

原来他是一个孤儿，从小是爷爷奶奶带大的。但他不甘心像很多孤儿一样，靠着政府的救济去生活，所以在读了高中之后，就来深圳谋生了。每到周末，他就到这个球馆做兼职，边做边学英语。他的梦想就是学好英语进一家外企工作，然后把自己的设计理念传播到外国。

我突然有点受触动：一个孤儿，一个人来到深圳，无依无靠，一个人在奋斗，却依然有着很多人都没有的梦想！

我问他："你抱怨过自己的处境吗？"

他沉默了一下，说："我没有资格抱怨！父母给了我生命，他们没有义务给我更多！我目前的处境是早已定了，但一个人所有的一切都应该是自己争取的。而且我还年轻,我相信我的生命还有很多的可能性,未来到底怎样,谁都不知道,不是吗?如果我还没有努力过,还没有尝试过,我又怎么可以抱怨目前的处境呢?"

我没想到他会说出这番话。看着他稚嫩的脸,我忽然觉得它露出了岁月留下的成熟!

那天我加了他微信,说有空再请他出来聚聚。

慢慢地,我对他有了更多的了解。他从学徒开始做起,平时任劳任怨,脏活累活都抢着做,深得老板的赏识。后来,他成了公司最年轻的主管。

原来优秀的人,真的从不会抱怨命运的不公。

很多人都会抱怨:"为什么我不是官二代?""为什么我家里没有钱?""为什么别人一生下来就住漂亮的房子、衣食无忧,而我却整天为一日三餐奔波?"

读大学的时候,你抱怨家里没有更多的钱给你做伙食费,而你每天晚上玩游戏到凌晨两点,经常缺课,挂科成了家常便饭,而跟你同样境遇的小张却通过兼职赚到了生活费和学费;

毕业之后,你抱怨家里没有背景,没能够给你安排好的工作,可是你忘了你大学四年没有参加过一次社团活动,没有提升自己的任何能力;

工作后,你抱怨工资低,抱怨事情多,抱怨领导不重视你的升职期望,可是你忘了自己下班后总是早早就走,领导交办的事情也是敷衍了事。

所有的抱怨,都源于自己的无能

当一个人把改变命运的机会交给别人的时候,他会抱怨;当一个人明知道自己的问题所在却从不想办法解决的时候,他会抱怨;当一个人毫无责任心,总想不劳而获的时候,他会抱怨。

曾经有一次在招聘的时候，我认识了一个朋友，他向我诉说了他的故事。他高中毕业后就去当兵了。复员后父母穷尽毕生的积蓄在一家事业单位给他找了份做辅警的工作。做了半年后，他觉得经常上夜班很辛苦，在没有征得父母同意的情况下，离开了这家事业单位。

离开之后，要生存下去，他就必须找份工作。他的标准是工资高点，工作轻松点。结果，由于他没有学历、没有经验，根本就找不到工作！

不得已，他只得去找了一份做保安的工作。

工作3个月后，他发现保安工作和辅警工作一样辛苦，就又走了。之后，他的父母托人给他介绍了一份干装修的工作。装修工作工资高，但是也挺辛苦，而且有时还要晒太阳。结果，他因为受不了又辞工了。

兜兜转转，他做了十几份工作，结果一份都没干好，唯有靠父母养老金度日。

谈到最后，他开始抱怨父母不给自己良好的家庭背景，抱怨世间没给自己成功的机遇，抱怨世间的工作太过辛苦，抱怨没有一个能让自己发挥才能的平台。

我于是问他："对于你目前遇到的一切机会，你尽力去争取了吗？对于目前的工作，你全力以赴了吗？对于你该做的事情，你真的努力过了吗？"

他无言以对。

世间所有的一切，都是自己争取来的。给你一个良好的家庭背景，你能守得住吗？给你一个机遇，你能抓得住吗？给你一个不辛苦的工作，你会抱怨工资低吗？给你一个发挥的平台，你有能力高飞吗？

想要享受，却不想吃苦！想要成功，却不想付出！想要得到别人的尊重，却不想先低头！

年纪轻轻，有手有脚，凭什么还要父母养？当你还在抱怨辛苦的时候，是否想过，还有很多人连饭都吃不饱？当你羡慕别人享受安逸的时候，你可否知道，他们今天这份享受，是在经历了无数的嘲笑和拒绝之后换来的？当你羡慕别人又买房买车了，你可知道，这些都是他们早出晚归、日复一日的辛勤换来的？

抱怨之前，请先问问自己是否已经拼尽全力了！

远离抱怨，让你永远生活在幸福之中

毫无疑问，喜欢抱怨的人，永远都生活在痛苦之中。因为抱怨会给你带来不好的体验。远离抱怨，才能给你带来幸福。那如何远离抱怨呢？

学会感恩。太多的人，不懂得感恩。我曾经听过一个这样的故事：

有一个男孩，出生于一个贫穷的家庭。由于家里穷，他在学校里总是抬不起头。别的同学都能穿好的衣服，而他只能穿父母缝缝补补的衣服。久而久之，他对父母产生了怨恨，抱怨自己为何出生在一个贫穷的家庭。可是他忘了，他的父母为了给他准备下学期的生活费，每天凌晨4点就起来劳作，只为了能够早早到菜地里摘菜，然后赶到市集去卖个好价钱。

有一天，他跟他的父母吵架后，就离家出走了。由于年纪尚小，举目无亲，他在外面流浪了一天后，肚子饿得咕咕叫。他坐在一家面店前，可是没有钱，看着来来往往的人吃着面，他只能吞口水。

店老板看出了他的心思，问他怎么一个人在外面流浪。他说他跟家人吵架了，已经一天没吃东西了。店老板二话不说，给他做了一碗面，端到他的面前，说："孩子，吃了吧，吃完赶紧回家。"他一看，眼泪就掉了下来。他接过那碗面，"扑通"一下就给老板跪下了，说："您就是我的救命恩人哪！"

店老板赶紧把他扶起来，说："孩子，就冲着你给我的这一跪，我就不该给你这碗面吃。你想想，你父母把你生出来，辛辛苦苦把你养这么大，而你却跟他们吵架，不回家。而我只是一个跟你第一次见面的人，我只是给了你一碗面吃，你就给我跪下了！你是否给自己的父母下过跪呢？"

他一听，马上愣住了。他低着头，似乎意识到了什么。他说："我明白了！我马上回家！"

多少人，对自己的父母未曾感恩，感谢父母的养育之恩，却只会抱怨他们无法给自己提供更好的条件；多少人，对公司未曾感恩，感谢公司提供的工作机会，却只抱怨自己的工资太低而事情太多；多少人，对自己的另一半未曾感恩，感谢他的长久相伴，却只抱怨他总是对自己付出不够。

学会感恩，你会发现，其实这个世界很美好；学会感恩，你也就远离了抱怨，远离了烦恼。

把焦点集中在自己的目标上。当人生没有目标的时候，你的生活就没有重心。生活没有重心，你就容易随波逐流，淹没在琐事的大海之中。一个容易抱怨的人，往往是因为被一些剪不断理还乱的琐事缠身。

请给自己的生命找一个最重要的目标，让你的生活有一条主线。当你被一些琐事缠身的时候，想想你最重要的目标在哪里。当找到目标的时候，就算有再多的琐事，你也不会觉得迷茫和力不从心，因为你知道那种被各种琐事缠身的感觉，都只是暂时的。如此，你也就不会那么容易抱怨了。

把精力放在提升自己上。喜欢抱怨的人，往往在工作和生活的方方面面都是被动的。因为不相信自己能够改变，不相信自己能够掌控命运，所以总是在被动消极地等待。然而，等待是永远换不来改变的，唯有不断提升，自己强大了，才能够有所改变。我们之所以会抱怨，是因为我们遇到的事情远远超过了我们的能力范围。当我们无法解决一件事的时候，就会用抱怨来为自己开脱。所以，**抱怨与无能是一对孪生兄弟。**

只有不断提升自己，才是走出抱怨误区的根本之道！

永远要记住的是，我们无法改变外界，但我们可以改变自己。**改变自己是你适应这个世界最好的捷径。别用抱怨来逃避这个世界对你的磨炼！**

优秀的人，从不抱怨命运的不公！如果你未曾拼命努力过，就先闭嘴，停止抱怨！默默地提升自己，才是你真正应该做的事情！

没有功劳只有苦劳，你终将被替代

"王总，这是公司跟你解除劳动关系的通知书，麻烦签收一下。"我把通知书递到王总面前，此刻他正对着电脑忙碌着。

听我这一说，王总原本挂着轻松表情的脸，顿时绷紧了。

他抬头看我一眼，小声而谨慎地问："确定了？"

我朝他点点头，说："是的。"

王总是我们公司的副总经理，今年45岁，入职公司快20年了，可以说是把这辈子都献给了公司。他是从最基层的员工，一步步升到今天的位置的。

可是，这些年，公司不断变革，发展比较迅速，王总明显跟不上公司的发展节奏了。

前些年，王总分管公司的生产工作。不到一年，由于生产及时率太低，他被调去分管销售工作。可是，销售工作也一直没有起色，他又被调去分管人事和行政。然而，他对这一块根本不懂，公司人事变革速度太快，如果处理不好就会拖公司的后腿。最终，领导决定，让他分管公司的政府项目申报工作。

政府项目申报是一个杂活，也是一个阶段性的工作。项目结束后，王总就空闲一身了。

慢慢地，王总从刚开始的公司的重要分管领导，被挤到了公司的边缘，没有了位置。

半年后，公司领导班子开会研究决定，依法跟王总解除劳动关系。原因是公司现在正处于快速转型期，王总的业务能力不强，也没有跟上新时代的领导水平，公司已经没有可提供给他的岗位。于是，就出现了文章开头的一幕。

我跟王总还算有交情，原本以为他会留在公司直到退休，因为他这么多年的人脉都在这里，而且他毕竟也是公司的老员工。很多员工知道王总要走，也感到很诧异，认为王总在公司这么多年，没有功劳，也有苦劳。

可是交情归交情，如果站在公司发展的角度，我倒是十分理解公司的决定。当一个人不能够为公司创造价值的时候，他也就没有在公司存在的价值了。

"没有功劳，也有苦劳"的时代已经过去了。现在市场竞争非常激烈，企业如果不能在竞争中脱颖而出，终将被淘汰出局。所以，企业一定要看每个人的功劳！个人也一样，当你跟不上公司发展节奏的时候，那你也终将被替代。

有一次，我跟王总坐车出去办事，聊到了退休的话题。他说，希望在这家公司再干个七八年，就提前退休。其实他自己也已经有了倦意，只不过是想在公司再混个七八年。王总认为，他在这家公司工作快20年了，跟老板交情也很深，位置应该挺稳固的。但没想到，在45岁的时候，他还是被替代了。

其实在5年前，王总就感觉到了危机。那时，公司开始频繁更换其岗位和工作内容。如果他能够主动学习，应该可以做好分管领导的工作。可是他觉得，靠自己的经验和资历，应该可以在这家公司做下去，所以没有主动花时间去学习。

但结果非他所愿。

这个世界已经没有稳定的工作了，所谓的"稳定"，都是相对于变化而言，而且要靠自己去争取。你不主动改变，终将成为被替代的那一个。

由于工作的关系，经常会有人托我帮他们找工作。

有一次，邻居家的小女孩刚大学毕业，她妈妈就找到我，希望我帮她家闺女介绍一份工作。

我问她妈妈："她想做哪方面的工作？"

她妈妈说："能有事做就行，女孩子嘛，能有一份稳定的工作就好！"

我继续问她："什么是稳定的工作呢？"

她妈妈说："比如文员类工作、秘书类工作、助理类工作等。"

在她妈妈眼里，那些文职类的工作就是稳定的工作。可是她不知道，现在文职类工作也不稳定了。

我有一个朋友，她曾经是一家民营企业技术部门的助理。每天朝九晚五，工作内容不多，就是做一些事务性的工作，几乎没有压力。

她在这家企业工作了将近5年。这5年，她从来没有想过工作之外的事情，比如职业规划，工作之外的技能学习等。她对自己的要求也不高，能够有钱养活自己就好！

到了谈婚论嫁的年龄，她就结婚生小孩了。休完产假之后，她回到公司，发现原来的岗位早已被人取代，自己则被安排到普工的岗位。一年后，她离开了公司。

离开公司后，她只好去找工作，没想到却遭遇了尴尬：找助理的岗位，她的年龄太大；找别的工作，又没有工作经验，于是她失业了。

很多时候就是这样，你认为稳定的工作，却为你以后的不稳定埋下了种子。这颗不稳定的种子，当遇到了适合的水分、温度、空气的时候，它就会生根发芽。

3年前，深圳靠摩的生存的人很多。我曾经专门调查过靠摩的生存的人的现状。

一次，我认识了一名叫周伟的摩的司机，就跟他聊了起来。他告诉我，他每天拉客可以挣200多块钱，一个月有6000多元。

"比进厂打工强多了！"周伟得意地说。

"你现在是专职拉客？"我问他。

"是的！进工厂才4000多一个月，还要扣社保公积金，根本养不活一家人！"他说。

"有没有想过学点技术，做点专业的事情？毕竟一辈子拉客也不现实！"我希望他能够想得更加长远一点。

"我觉得拉客还可以，而且也比较轻松，进工厂工作太累！"他似乎有点不赞同我的说法。

我没有跟他再聊下去，毕竟想改变一个不想改变的人，靠只言片语太难！

告别了周伟，我很久没有再跟他联系。

后来，深圳禁摩，很多摩的司机被迫转行了。但毕竟还是有一定需求，所以很多人就躲着交警，悄悄地拉客，虽然收入越来越少，但还可以维持生活。

这两年，共享单车兴起，以前摩的司机的主要客户——上班族，现在都转为骑共享单车了，它比摩的更安全更便宜。

自此，我再也没有见过周伟。后来，我从周伟的一个朋友（也是做摩的司机的）的口里了解到，因为客源越来越少，加之没有一技之长，周伟无法在深圳找到合适的工作，迫于生活的压力，他只好离开深圳，回了老家。

自古长江后浪推前浪。当你无法主动适应潮流，提前预判未来的趋势，你就会被潮流吞没。

现在的科技发展非常快，也许你今天还可以安稳地工作，明天就可能面临失业。失业不可怕，可怕的是失业了却无法再找到好的工作。

别再奢望那些稳定的企业、稳定的工作。**所有的稳定，都是建立在自己主动求变的基础上。**过去，我们认为教师、公务员是稳定的职业，可是现在，教师、公务员同样面临巨大的竞争，稍不注意，就可能被淘汰出局。

要成为不可替代的人，我觉得最好的方法是主动改变，主动学习，努力提升自己。不管在什么阶段，都要有自己的核心竞争力，而不是被动等待变化。如果真是这样，那就很被动了。

优秀的人，从不惧怕变化，因为他们对变化了然于胸，有着自己坚定的目标和过强的能力以及核心竞争力，不管周围的环境怎么变化，他们都能够镇定自若、从容面对。

不惧怕变化，那你就离不可替代近了一步。愿你主动改变，成为你想成为的自己！

职业生涯发展系统：让你不可替代

我曾经从别的公司挖过一个市场总监。

他的简历让我至今难忘。

他毕业于国内一家二本院校，毕业后，在一家民营上市公司做市场专员的工作。当我看到他就职的第一家公司名称时，本打算把他的简历列为"不合格"，因为领导要求这个岗位要有在世界500强企业工作的经历。但是越往后看，我的看法却渐渐改变了。

他工作 10 年，在 3 家公司待过，待得最长的一家是 5 年，是一家世界 500 强外企，也是他最近的一份工作。第二家是一家市场营销咨询机构。

看完他的简历，我立刻给领导发了邮件，推荐他来面试。我有预感他可以通过面试。

果不其然，经过 3 轮面试，他被录用了。之前我们曾面试了 5 个人，其中不乏出国留学的人，但都没有通过，唯独他通过了面试。

一个月后，他如期入职。

由于工作上的关系，我跟他聊得比较多。慢慢地，我对他有了更深的认识。

有一次，我跟他聊了起来。

"你的职业生涯应该走得挺顺的。"身为职业生涯规划师的我，习惯了将说话的焦点聚焦在职业规划上。

"其实还好，就是毕业之后，进入了自己喜欢的行业，做着自己喜欢也擅长的事情，然后就一直在这个行业钻研，永不满足，就这样走到了今天。"他轻描淡写地说。

简单的几句话，却道出了他成功的秘诀。

当一个人所做的事情是自己感兴趣的、擅长的、认可并看重的，并且选择的行业是有发展前景的时候，他的成功就只是时间的问题了。

"你毕业后，对自己进行过职业规划吗？"我试图探索他能够取得成功的最根本的原因。

"那时根本就没有想过职业规划，只是幸运地进入了对的行业，加上自己的努力，才取得了今天的一点成绩。"他似乎将自己的成功都归功于偶然。

我相信对很多在职场中取得成功的人来说，他们也许并未刻意进行职业规划，却一样获得了成功。那么，这是否说明职业规划没有用呢？其实，如果你仔细研究就会发现，那些取得成功的人，都是遵循了职业发展的规律：

坚定的方向： 找到努力的方向（符合自己的兴趣、价值观和对的行业）。

天赋的优势（能力）： 找到自己的潜能，通过长时间的训练和积累，形成自己的优势。

行动的力量： 坚持在一个领域持续不断行动、积累，最终形成自己的核心竞争力，让自己变得不可替代。

综观职场中人，他们的职业发展路径各异：有的人，工作 5 年，已经做到了公司中高层；有的人，工作 10 年，却依然在寻找方向的路上，最终在不惑之年，被职场抛弃。究其原因，不在于他们是否主动进行职业规划，而在于他们的职业走向是否符合职业发展的规律。

职业生涯规划的根本作用，就是让你的职业之路符合职业发展的规律，从而让你的努力更有目的性，避免因走弯路而浪费时间。

我一直反对将职业生涯规划等同于职业定位。我认为，不管你从事什么职业，只要它是你感兴趣的、符合你的价值观的、符合你的天赋和能力的，那你就可以通过努力，让自己变得更加强大，从而取得职业发展的成功。

要在 20 岁就开始有目的地努力，30 岁有所收获，40 岁避免出局，我们就必须回归自身，让自己不断增值，以便在不同的年龄阶段走得从容。

这本书是帮助大家从优秀到卓越。在我的眼里，每个人都具备优秀的潜能，但只有找到符合你的发展方向，并通过有效的方法和工具加以训练，你才能跨越优秀，成长为卓越的自己。而这本书给大家很多实用的方法和工具，只要你用心去理解和运用，就可以让你在 40 岁的时候，不再害怕被踢出局。

还在上大学的时候，我就开始研究职业生涯规划方面的理论。综合国内外关于职业生涯规划的相关理论，我认为下面的职业生涯发展系统（见图 1.1），是比较符合中国人的职业发展规律的。在这里，我通过这本书，将它分享给大家。

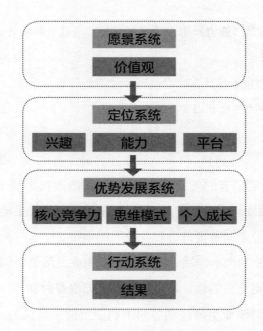

图 1.1　职业生涯发展系统

职业生涯发展有 4 个系统，分别是愿景系统、定位系统、优势发展系统、行动系统。这 4 个系统，可以真正让你变得强大，让你的努力变得更加有目的性，让你离成功更近。

愿景系统。要想清楚你想成为什么样的人，也就是你的价值观是什么。做职业规划，这是最重要的一点。

你如果不清楚自己想成为什么样的人，那你所做的事情都是在碰运气。这就跟一个企业一样，如果没有愿景，老板不清楚自己的企业要做到什么样子，那他只能赚点小钱，企业能够活下来也只是运气好。伟大的企业都是活得很明白的。所以你要想清楚，你这一辈子，愿景是什么？你想成为什么样的人？你希望自己未来的生活是怎样的？你看重什么？这点很重要，想清楚了，再做接下来的事情。

定位系统。通过对自我的了解，弄明白：你的兴趣在哪里？如何培养你的职业兴趣？你的天赋能力是什么？如何让自己变成一个能力很强的人？与你的兴趣和能力相符合的职业有哪些？当想清楚这些问题的时候，你就找到了努力的方向。另外，你还要找到适合自己的平台，这样才能发挥你的能力，实现你的价值。

优势发展系统。如果只是找到符合你的兴趣、能力的职业，你未必就能够脱颖而出，也很难获得你想要的结果，而且你随时都可能被别人替代，从而被踢出局。

所以，你还需要不断修炼，打造自己的核心竞争力，练就一技之长。这是职业生涯发展很重要的一步。

行动系统。很多时候，你可能会有很多想法和计划，可是如果它们只是存在于你的脑中，那对你来说也是毫无用处的。它们就像放在书阁的方案一样，只是一堆废纸。所以你还要学会怎么将你的职业规划落地，要将行动贯穿于整个职业生涯中。

在这本书中，我会以职业生涯发展系统作为主线，为大家阐述各个步骤该如何进行。我相信，只要你看完这本书，对你的职业生涯发展，就会有非同一般的帮助！

Part 2

价值观：

找到你生命中的重中之重

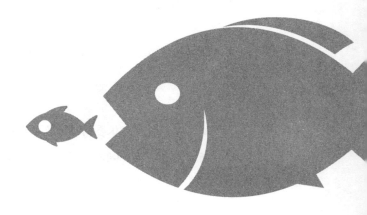

价值观缺失的"跳蚤一族"

在我的第一本书《在最能吃苦的年纪，遇见拼命努力的自己》里，有一段关于"跳蚤一族"的描述。

在"跳蚤一族"的眼里，似乎只有通过"跳槽"才能解决他们的问题。对于一份工作，刚开始他们觉得很新鲜，可是等过了一段时间便厌倦了，想着要改变了，就想着跳槽了。起初他们还是边工作边去外面的公司面试，可是一直找不到合适的工作。于是后来，他们索性辞了职找工作。由于在上一份工作中没什么积累，他们找不到更好的工作。随着时间的推移，他们慢慢就开始怀疑自己，最后不得不降低要求，找了一份比以前还差的工作来过渡，以伺机再换。这些人，我们称为"跳蚤一族"。

成为"跳蚤一族"的原因很多，可能是公司原因，可能是工资原因，也有可能是环境原因，但对一部分人来说，更深层次的原因，是价值观的缺失。

所谓"价值观的缺失"，并不是说你没有价值观，而是你忽视了自己的价值观。

两年前，我深刻体会到了"价值观缺失"的威力。

两年前，因为一次职业规划咨询，我认识了小闵。小闵是一位很腼腆的男性，平时不喜欢说话。我第一次见到他的时候，他总低着头，不敢看我。

刚开始我以为他是不好意思，后来我才了解到，多年职业发展的不顺，让他变得越来越自卑了。

"刘老师，到现在，我已经做了四五份工作了吧！"小闵见到我，就跟我吐槽。

"做了这么多份工作，你都没有遇到自己喜欢的吗？"我问他。

"是的。我做的工作，不是因为自己喜欢而是为了迎合家人的喜好。"小闵似乎有点后悔。

看得出来，他是一个非常容易被家人影响的人。

"刚工作的时候，由于我学历不高，只能到工厂打工。可是，我不喜欢工厂那种严格的管理氛围，总感觉自己被束缚，没有自由。所以做了不到半年，我就辞职了。"小闵开始跟我聊他的经历。

"家人又开始催促我，叫我先找到一份能够做好并且能够养活自己的工作。于是，我去找了一份广告学徒的工作。这份工作月工资很低，只有2000块左右，但包吃住。那里的老板和同事都很好，虽然工资不高，但我也做得很开心。做了一年多后，低工资让我觉得生活压力越来越大，又经常上夜班，加上没有存在感，于是我离开了这家公司。"小闵继续说。

"所以你是个崇尚自由的人？"我想确定他内心的价值观。

"是的，我不喜欢那些条条框框，以及被人家命令去做事的感觉。"小闵很确定地说。

"后来呢？"我问。

"后来，由于没有其他工作经验，很长一段时间，我都找不到工作。但我真的不想再去工厂上班了。"小闵激动地说道。

我能理解小闵的选择。我猜测他的价值观是自由独立、成就感。对于有这两种价值观的人来说，他们往往很难接受朝九晚五的工作。

就算做了，也是为了生存而逼迫自己去做的。如果没有成就感，那么跳槽对他们而言也就成了家常便饭。

我给小闵做了职业价值观测试，最终发现，他重要的职业价值观真的是自由独立、成就感。

"我建议你不要再为了生存而去做你不想做的工作了。你可以做一些你觉得相对自由独立的工作，至少不要有类似工厂管理的条条框框。"我很真诚地告诉小闵。

小闵点头表示赞同。他说他会改变。

半年后，我知道了小闵最新的消息。

离职后，家人托人给小闵介绍了一份装修工作，这份工作算是比较自由，工作时间不定，做完了就可以回家。刚开始，小闵的装修技能一般，只能由师傅带着，所以工资比较低。但是，他比较喜欢那种自由的感觉，所以他努力提高自己的装修技能，工资也随着自己的能力提高而得到了很大的提高。那段时间，小闵才意识到，原来自己真正愿意做的，是这种相对自由的装修工作。

对小闵来说，如果他所做的工作，不能满足他对自由的渴望，并且让他有成就感的话，那他肯定不会长期做下去。

一个人采取什么行动，取决于两种动力：一种是由本能产生的动力，一种是由价值观推动而产生的动力。

由本能产生的动力，也就是一个人习惯性、自然而然、最原始的动力，例如肚子饿了就吃饭是一种本能的动力。价值观的动力，是一个人在成长过程中，形成的一些行动指导原则。例如，一个人肚子饿了，但是口袋里没钱，怎么办？这时，如果受本能的动力驱使，他可能会不择手段，以满足填饱自己肚子的欲望。但是如果受价值观的动力驱使，他就能够控制自己本能的动力，按照最有利于自己同时又不损害他人利益的原则去填饱肚子。

靠本能的动力做事是不靠谱的，唯有靠价值观的动力驱使，才能让你意志坚定。做职业选择同样如此。

就像小闵，曾经的职业选择，不是遵从他内心真正的价值观，而是本能的驱动——金钱或生存，所以当他发现工作无法满足他对金钱的欲望时，他就会厌倦从而放弃。

但是如果遵循价值观做选择，你就不会因为工资太低、别人的质疑而放弃，你会告诉自己，自己的选择是对的。所以价值观决定着你的工作态度和绩效水平，从而决定了你的职业发展成功与否。

价值观在职业选择中的体现，叫"职业价值观"，是一个人对职业的认识和态度以及对职业目标的追求和向往。

职业价值观，决定了你对职业的期望。什么样的职业适合你？你想通过这个职业得到什么？选择职业，你最看重的是什么？你想成为一个什么样的人？这些都是职业价值观的体现。

> 我有一位朋友，在毕业之后，曾经很长一段时间找不到工作。最终，在别人的介绍下，他做了保险销售的工作。但在他的内心深处，他并不认可保险，认为保险是骗人的。这也许是他过往的成长经历使然，但其实保险对每个人来说都是有益的。
>
> 为了生存，他违背自己的价值观做了两年的保险销售。两年中，通过自己的努力，他成了部门的销售冠军，买了房和车。但即便赚了钱，他依然不认可保险，还患上了抑郁症。当一个人所做的事情违背自己心中所想的时候，他就会怀疑自己的选择。
>
> 最终，在一年后，他离开了保险行业，去零售业做了销售。

其实职业没有好坏之分，只是每个人的价值观不一样，愿意做的工作也不一样。

一个人在成长的道路上，感到迷茫，找不到人生的方向，或者在面对诸多职业，不知道该如何选择的时候，在我看来就是价值观缺失了。因为他不知道自己要什么，看重什么，想成为什么样的人。当没有指导原则的时候，他根本就不知道自己该如何走好接下来的路。

当然，价值观的缺失不是真正的缺失，而是暂时的丢失。当你重新认识自己，重新找到自己的核心价值观，那你就会做回自己，最终成长为你想要的自己。

人生系统平衡轮：找到你生命的重中之重

在填报高考志愿的时候，我们经常会遇到这样的家长，他们通常认为：

医生地位挺高的，不如报医学专业好了；

教师工作够稳定，报读师范专业有保障；

研发工作工资高，报读自动化专业有前途。

而这些，也许并不是孩子们所看重的。

也许他们看重的是：能够让自己不断成长而不是地位高；具有挑战性而不是稳定性；是自己的兴趣和天赋而不是工资高。

在填报志愿的时候，由于对父母的屈从，很多学生往往会选择父母指定的专业，而不是自己看重的专业。

很多人毕业之后所从事的工作跟自己所学的专业并不一致，但是如果能够在大学的时候就学到跟未来从事的工作相一致的专业知识，也许对他们来说是一种优势。

曾经有一位学员给我写过一封信。

她在信中说，她学的是会计专业。可是她不喜欢做会计方面的工作，她想做人力资源管理工作。在大学里，她所学的知识、考的证书，做过的实习，都是关于会计的，所以，她很难获得人力资源管理方面的工作，甚至连面试的机会都没有。这让她很苦恼。

我问她，当初为什么会选择会计这个专业？

她说，这个专业是父母让她选的，她那时也不懂，觉得父母推荐的肯定没错，就报了。

不知多少人，糊里糊涂就做了选择，最后却发现所选择的都不是自己想要的。

我问她，为什么想做人力资源管理工作呢？

她说，因为她不想做整天跟数据打交道的工作。她曾经做过几个月的会计实习工作，发现没有一点成就感。她想从事那些跟人打交道较多的工作。

我说，其实你已经知道自己想要什么，按照你内心的想法去做就好了。

最后，我建议她在毕业前，多学习一些人力资源管理知识，提高自己的面试技巧，然后主动向企业推荐自己，也许能够获得面试的机会。

她是个很聪明的女孩子。最终，她如愿从事了人力资源管理方面的工作。

最近，我跟她联系，她说她很幸运，做人力资源工作让她成长很多，很有成就感，所以她干劲很足，对未来充满了信心。

当你找到自己生命中最重要的东西，并且通过实践去获得它的时候，你才真正活出了自己，走得更坚定。

在人生中，有很多事情需要你面对，然而你的精力有限，当你无法辨别哪些是你最看重的东西的时候，你就会迷失自我，无法做到活在当下、劲往一处使。

这是非常危险的人生状态。不知道人生的重中之重，你就无法做出正确的选择，无法充分利用自己的时间，职业成功也就无从谈起。

在这里，给大家介绍一个工具：人生系统平衡轮（见图2.1）。这个工具，可以让你明晰自己生命中的重中之重。你会发现，当你找到真正影响你人生发展的关键，你就可以更加全面地进行自我观察。这样，你就能够做出最优选择，并且把所有的精力聚焦于当前目标。

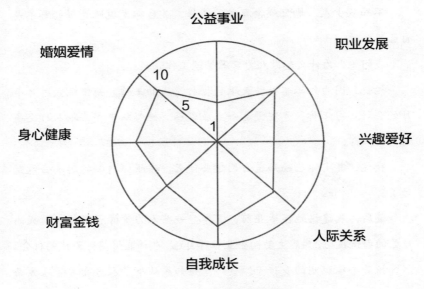

图 2.1　人生系统平衡轮

用人生系统平衡轮找到你最看重的东西

大家可以看到上面这个图，共有8个要素。这8个要素是可以改变的，上图是我人生中最看重的因素，也许你觉得公益事业不重要，那你可以更换，例如换成"精神信仰"。按照下面的步骤，可以找到你人生的重中之重。

第一步：选择你看重的要素。 拿出一张纸和笔，问问自己，在你的人生中，你觉得最重要的东西是什么？例如：朋友、事业、爱情、金钱、成长、健康等，找到6～8项，然后写下来，根据上面的模板，制作成你自己的人生系统平衡轮。如果有些要素你不知道该怎么取舍，那就问自己，如果你的生命只剩下半年，你最想做什么？最终得出你最看重的要素。

第二步：对比。画出了你的人生系统平衡轮之后，接下来，结合目前你的人生现状，给这8个要素进行满意度打分。1分为最低分，10分为最高分。然后，看看自己对哪些要素最满意和最不满意。比如，如果对自己的身心健康最满意，你可以给身心健康打8分以上。如果对财富金钱最不满意，你可以给财富金钱打3分以下。每个维度都打了分之后，用笔在平衡轮的轴上标注出来，并连接起来，形成折线。

接着，未来3年，对你希望在这8个要素要达到的状态进行评分，打分步骤同第三步，然后用笔在平衡轮的轴上标注出来，形成拆线。

第三步：发现。通过上面两步，画出了你的人生系统平衡轮后，接下来，问自己几个问题：

◆ 在你的人生系统平衡轮中，你领悟到了什么？

◆ 对你所看重的要素的现状，哪些是你满意的，哪些是你不满意的？

◆ 未来，你想改善哪些要素，提高它的满意度？

◆ 如果你要改变，你觉得自己会优先把时间和精力放在哪些要素？

◆ 哪个领域的完善以及满意度的提升，能对你人生的整体平衡带来最大帮助？

通过以上步骤，相信你对自己的人生现状已经有了基本的了解，你也知道自己生命中最重要的事情是什么了。你可以以它们为人生目标，投入更多的时间去实践。

只有当你知道生命中的重中之重，有一个你想要达成的目标后，你才会围绕它来做行动安排，你才会聚焦于你现在想要的。不管遇到什么诱惑，你都不会改变。这是找到你热爱的事业的好办法。

做你认为对的事情，即使不靠谱

成长的路上，我们会面临很多人生方向的选择：

◆ 刚毕业的时候，该创业还是就业？

◆ 工作多年后，做着不喜欢的工作，我们该转行吗？

◆ 积累了一定的资本后，我们该放弃稳定上升的工作，去创业吗？

面对这些情况，很多人应该都不知道该如何抉择。

有时候，做出一个选择，需要智慧。因为一念之差，就会造成不同的人生走向。

我有一个朋友，我叫他凯哥，他比我大 8 岁。

他大学毕业后，在一家民营服装企业做设计。

他工作勤勤恳恳，职业发展也算顺利，工作 3 年后，升职做了部门主管，随后也结了婚。

到他工作的第四年，凯哥有了一个创业的机会。他儿时玩得很好的伙伴阿俊，准备找人合伙开一家广告公司。

合伙的条件是，凯哥须拿出 20 万元作为创业的启动资金。

凯哥很犹豫，因为自己这些年存的钱，是准备用来给小孩上学、买房子的。而且，要凑够 20 万元，还需要从亲戚朋友那里借 3 万元。

阿俊仔细跟凯哥分析了创业的回报：创业刚开始的第一年，可能要亏点钱，但随着知名度的提高和客户的不断积累，在第二年就可以开始盈利，到第二年年底就可以回本。阿俊以前是在广告公司跑业务的，他们的合伙，可以说是在技术和销售上进行了完美结合，创业成功的概率很大。

凯哥很心动。他刚毕业的时候，就嚷着要创业，觉得只有创业才能真正改变自己的命运。只是因为那时家里穷，他不得不放下心中的憧憬，安心地找一份工作。可是工作几年后，他才发现房价何其高，就算靠打工存够了首付，那接下来20年，也要给银行打工还债。想到接下来20年完全没有了自由，凯哥就有点不甘心。

但凯哥老婆和父母很快就把他拉回了现实：他现在的工作还算稳定，福利待遇也还好，而且今年他们打算生孩子，老婆正在备孕中。万一创业失败，谁来养家？

思来想去，凯哥一夜睡不着。

其实凯哥知道，这是难得的创业机会，毕竟阿俊已经有现成的客户，也许只要他点头，过几年他就可以飞黄腾达了。这是凯哥内心觉得对的事情，可是家人的反对以及对孩子的责任心，让他退缩了。

凯哥心想，不如等孩子出生、长大一点后，自己的压力没那么大了再创业，也许会比较好。

带着不甘，他回绝了阿俊的邀请。就这样，凯哥继续自己的打工生涯。而阿俊，则和另一个朋友合伙做起了生意。

一念之差如天和地，不同的选择造就不同的人生。几年后，凯哥再次见到阿俊的时候，阿俊已经是千万身家的老板，而阿俊还在原来的公司做着设计。

我问凯哥："你会后悔吗？"

凯哥笑着说："不会啊，每个人都有自己的命。自己选的路要自己负责走完。"

其实我知道，凯哥心里肯定有很多不甘。因为在他的心里藏着一件他认为对的事情，但他却没有坚持去做，只因为他最亲的人觉得不靠谱。

很多时候，一个人痛苦，不是因为失败，而是因为他觉得对的事情，最后却放弃了。也许就仅仅因为在所有人看来，如果去做这些事的话，就是个笨蛋。

但往往很多人觉得不靠谱的事情，却蕴藏着巨大的商机。

1995年，马云启动中国黄页项目，其模式是为中国企业提供互联网在线信息发布和主页。但在当时的中国，推销中国黄页的马云被很多人视为"骗子"。1999年2月，辞去公职后的马云，开始创办自己的又一个公司——阿里巴巴。那时，很多人都觉得网购是一件很不靠谱的事情，因为不安全。但马云始终坚信，自己是在做着一件对的事情，所以他在跟阿里巴巴"十八罗汉"讲述阿里巴巴的未来时，无不充满着自信和坚定。他始终坚信，这些被很多人认为不靠谱的事情，充满着无限的可能。

马云后来回忆说，从成立以来阿里巴巴一直备受质疑，一路被骂过来，人们都说这个东西不现实。不过没关系，他不怕骂，在中国反正别人也骂不过他。他也不在乎别人怎么骂，因为他永远坚信这句话："如果你说的都是对的，别人都认同你了，那还轮得到你吗？你一定要坚信自己在做什么。"

马云从来都是一个坚守自己价值观的人。他认为对的事情，就会坚守，就算别人觉得不靠谱。

在人生方向的选择上，不知多少人败在了"不靠谱"上，即使在他们看来，那件事情是对的。

其实，对于自己的人生，唯一能够负责的就是我们自己。负责，并不是不犯错，而是真正做到遵循你"内心的选择"，即坚持你的核心价值观。

捷克总统、哲学家、话剧家哈维尔说："我们坚持一件事情，并不是因为这样做了会有效果，而是坚信，这样做是对的。"

回首你过往走过的路，你是否曾经因为违背自己的内心而悔恨？是否因为遵循内心的选择，虽然走向失败，却甚感欣慰呢？

当一个人能够坚持做自己认为对的事情，即使它不靠谱，他也能真正成熟起来。

爱情如此，生活如此，择业更是如此。

什么样的事情是对的？

什么样的事情是对的？没有百分之百统一的标准，每个人的标准都不一样，但我觉得主要有以下3点：

能发挥你特长的事情。如果一件事能够将你的能力和优势发挥得淋漓尽致，那这件事对你来说，百分之百是对的。

> 我有一个朋友，他是一家公司的销售。刚开始做销售的时候，他的底薪只有1500元，刚够持续生活。这样的状态维持了半年，家人都劝他赶紧转行。他也困惑，不知道是否要转行。我对他说："如果你认为自己具备做销售的能力，那你就坚持。"他认为自己具备做销售的能力。后来，他又坚持了半年。这半年，他成长得很快，销售工作也慢慢走上了正轨，得到了公司的肯定。

有广阔前景且你感兴趣的事情。很多事情，可能你暂时无法做好它，也许是因为能力不足，也许是因为资源不足，也许是因为资金不足，但没关系，只要它是有前景的，如果你对它感兴趣，那就坚持做下去。能力可以提升，资源可以整合，资金可以通过别人来获取。

也许你坚持一年没有起色，但只要这个行业是有前景的，坚持10年，你就一定可以获得你想要的。

已经有人做成功的事情。 有时候，你无法判断哪一件事情是自己擅长的，也不知道它是否有前景，那你就看看这件事情是否已经有人做成功了。

已经有人做成功的事情，一方面说明这件事是有前景的，另一方面，你也可以借鉴成功人士的经验，少走弯路。

如果你做这件事，已经坚持了很长的时间，进展不大，那就应该是自身原因了，但只要你对它感兴趣，也可以坚持下去。

如何找到让你痴迷的工作

如何找到让你痴迷的工作？这是我的学员 H 在两年前抛给我的问题。这个世界真的有这样的工作吗？当听到这个问题时，这是我的第一反应。

毫无疑问，每个人都希望找到这样的工作。可是，令人失望的是，大多数人不得不面对枯燥的工作，发出一声长叹："我真希望自己不再从事这份工作。"

我有一个朋友叫小屠，在深圳从事软件测试工作，今年33岁了。

有一天，她找到我："刘老师，我想转行做人事或行政方面的工作，可是我没有一点这方面的经验，我该如何通过面试？"

我遇到太多像她这样想转行的人，所以对于她的诉求，我并不觉得惊讶。

可是她转行的原因让我很惊讶。

"刘老师，我实在不想再继续做这份工作了。"她一脸怨气。

"为什么呀？工资低吗？"我随口问了一句。工资是一个人决定跳槽和转行的很重要的原因。我满怀期待地希望她给我这个答案。

"不是啊，我现在月工资12000元。可是做这份工作，我觉得自己对别人来说就是一个累赘。"她的答案让我很吃惊。我看着她，确认她不是在跟我开玩笑。

"你开玩笑的吧，工资那么高还想转行？"我还是不相信。

"我怎么会跟你开玩笑呢？要是开玩笑，我也不会找你呀！"她很认真地说。

看着她一脸严肃，我意识到她是认真的。

"你如果转行做人事或行政，就要从基层做起。你知道现在人事或行政助理工资是多少钱一个月吗？"我想让她看清现实。

"我知道啊，大概 5000 元一个月。上周我去面试了，但人家觉得我没有经验，不要我。"她很懊恼。

我开始相信她说的了。但我实在不明白，是什么导致她愿意放弃一个月工资 12000 元的工作，转行去做一份月工资 5000 元的工作？别人都是往上转，她却往下跳。

在接下来的聊天中，我了解到，她老公在一家世界 500 强公司做管理，也许钱对她来说已经不是最大的需求了。但是能够让一个人宁愿放弃月工资 12000 元的工作，也要去做月工资 5000 元的工作的，我相信是她内心的极度渴望。只有极度渴望，才能让她做出这样的抉择。

"你能说说为什么不再喜欢这份软件测试的工作吗？"我问她。

"工作那么多年，虽然我能够解决这份工作中的很多问题，但是我觉得很没有成就感。我没有受重视的感觉，总觉得我所做的事对别人来说可有可无。"她说话的声音开始大起来。

"难道你做了人事或行政的工作就会有成就感吗？你又没有从事过！"我反驳她。

"但至少我做了什么别人会知道。我不喜欢默默地站在幕后工作。这让我觉得自己是可有可无的。"她很坚定地说。

　　我开始理解小屠的选择了。当一个人内心的价值观受到挑战的时候，他就会不自觉地更趋向它。就算他是一个毅力很强的人，在违背价值观的情况下也做了很多事情，但长此以往，他终会回归到其价值观的本位，重新做回符合其价值观的事情。否则，他就会很痛苦。

　　我曾经思考过一个问题：当一个人做着不符合其价值观的事情的时候，对他来说意味着什么？

　　也许小屠的经历可以很好地帮我回答这个问题。当一个人做着他不看重的事情的时候，也许继续下去就是一种痛苦，更别说让他痴迷了。就像一个看重健康的人，却做了一份需要经常熬夜加班的工作，他肯定不会把这份工作当成长久之计。只有那些把在工作中获得成就感看得很重的人，才会不顾健康，把时间投入加班中去。

　　所以，当我们谈到如何找到让你痴迷的工作时，其实就是谈如何找到符合你价值观的工作。

　　当人们被内心的价值观激励的时候，他肯定会排除万难去追逐他想要达到的目标。

找到完全让你认可的目标

　　很多人做一份工作，其实并不明白这份工作对他来说意味着什么。也许在他们眼里，工作仅仅是一个能够维持生存的工具而已。当他们不明白做一份工作的意义和价值的时候，就很难全身心投入工作中去。

　　接下来，请大家跟着我的步骤，逐步弄明白你工作的价值所在，直至百分之百确认，这就是你想要的并且能够让你痴迷的工作。

　　现在请大家找一个安静的地方，可以是书房，可以是图书馆、咖啡厅，但最好在接下来的一个小时里，不要让人打扰你。

　　然后，再准备一支笔，一个笔记本。

　　大家可以根据我的问题，写下你的答案。在这里，我会以我的一个学员小 V 的案例来阐述，让大家更加容易理解。

首先，我问了小 V 一个问题："如果有一个目标，你百分之百能成功达成，请问你头脑里闪出的最想实现的一个目标是什么？"

小 V 思索了半分钟，慢慢地说："我最想实现的一个目标是在 3 年内成为一家上市公司的总监。"

接下来，我让小 V 搞清楚这个目标对他来说意味着什么。

我继续问小 V："为什么这个目标对你如此重要？"

"我觉得这个目标可以帮助我实现两个愿望：第一，我的工资会更高。这样，我就更有能力照顾我的家庭了；第二，实现了自我的价值。"小 V 不假思索地说。

"那实现了这个目标之后，你觉得自己会是一个什么样的人？"我继续问。

"我觉得我会是一个有影响力、有能力帮助别人的人。"小 V 抬头看着我坚定地说。

"很好！那你觉得实现了目标之后，有谁会从你身上受益呢？"

"如果我能够实现这个目标，那我的家人就会从中受益。我有更强的能力给家人更好的生活。"小 V 说。

"当你想到他们能够从你身上受益的时候，你的感想是什么？"我继续问。

"我觉得我是有价值的，而且非常有成就感。"他说。

"假如将来你真的实现了这个目标，你会对现在的自己说什么？"我问了他最后一个问题。

"我会感激自己做了正确决定，并为了这个目标而付出努力，我觉得自己的努力没有白费，也没有虚度光阴。"他说。

把这个目标和你未来的工作绑定

我鼓励小 V 朝着这个目标努力。多年后，当我和小 V 重聚的时候，他真的已经成为他所在公司的总监。

我惊讶于目标的力量。今天你所做的决定，将决定你 3 年后会成为什么样的人！

"当你制定这个目标后，你觉得自己 3 年来有什么变化吗？"我问他。

"我觉得变化很大。当我真正把这份工作当成实现我的目标的载体的时候，我变得很愿意付出，并且全身心投入。只有心甘情愿地付出，我才能实现这个难度极大的目标。每一年，我的业绩都很优秀，所以升职就是自然而然的事情了！"他回忆起过去的自己，颇感自豪。

想找到一份让你痴迷的工作，你必须要了解你最想实现、最看重的目标是什么，再去寻找能实现你的目标的工作。当你清楚自己为什么而做的时候，你会动力十足。当价值观与目标完美融合的时候，你会迸发出最大的潜能，并最终实现你的目标。

让价值观根植于你的职业，你才会热爱它

小时候，我父亲是做生意的，人脉比较广。

后来，家道中落。但幸运的是，父亲的那些朋友，并没有落井下石，而是向我家伸出援助之手。

这对我的成长影响很大。从小父母就教会我，对帮助过自己的人感恩，等有能力后要回馈他们。

慢慢地，我形成了自己的价值观：要做一个利他的、能够帮助别人的人。

我内心最想做的事情是，成为一个能力很强的人，有自己的事业，这样就可以去帮助更多的人。而我也希望我做的事情，能够对别人有所帮助。

利他价值观的种子，从此在我心中种下。在以后的人生之路上，利他的价值观无时无刻不在影响着我。

高考选择志愿时，我告诉父母，我不想去其他地方读书，只想去深圳。

因为我知道，深圳机会比较多。那时，腾讯 CEO 马化腾是我的偶像。我想成为他那样的人，这样，我才可以真正成为一个有能力帮助别人的人。

后来，我真的考上了深圳大学，来到了这座梦寐以求的城市。

大二，我父亲遭遇车祸。虽然经济状况一落千丈，但我家得到了很多人的帮助。这更加坚定我要开创自己的事业去帮助更多需要帮助的人的决心，就像有的人从小经历亲朋好友因病去世而立志从医一样。

这样的价值观对我的择业影响很大。在上大学的时候，我选择职业或者事业的第一标准是：能够通过自己的努力影响、帮助更多的人。

这样的职业并不多，创业是其中一种。所以，我大学就开始创业。我创业的第一动力是去帮助别人解决问题。

后来，创业失败，我进入职场，面临择业的问题。我告诉自己，只要这个职业可以解决更多人的问题，我就可以接受。加上我是学人力资源管理专业的，所以也就自然而然地选择了这个职业。

通过人力资源管理这个职业，我帮助了很多人解决就业问题，解除了他们的职业困惑。

后来的经历告诉我，我的选择是正确的。当把价值观完全融入职业中后，我动力十足，就算每天加班到晚上 10 点，我依然做得兴致勃勃。

当以利他的价值观在做事的时候，我发现自己的职业更加有意义了。我不是为了养活自己而工作，而是在帮助他人。其实，在我工作的前几年，我的工资不高，但这并没有影响我对这份职业的执着。

记得我刚工作的第二年回家过年，当我跟母亲谈起工资的时候，母亲惊讶于我的工资之低。因为我亲戚的一个小孩，比我晚一年毕业，工资却是我的一倍。但我告诉母亲，这份职业有比钱更重要的东西，比如它是我的兴趣，比如它是我擅长的，更重要的是，它符合我的价值观，而且我相信再过几年，我的收入会是他的三倍。我做到了。

我没有因为工资低而放弃我认可的职业。其实，这份职业带给我很多满足感和成就感。后来，我转型做职业生涯规划、演讲口才培训、写书，都是在利他价值观驱使下做出的选择。

我经常在想，如果没有利他的价值观，我肯定无法从事这些职业，起码坚持不下去，因为这些职业太累。

利他的价值观会让你的格局更大。

我3年出了3本书。每次写书的时候，我都感觉用尽了全力。每次我都要在电脑前静坐一个小时，然后把所有感想都写出来。我恨不得把自己所有的经验、感想都分享出来。很多作者在写书的时候，会对书的内容有所保留，但我却不一样。大家看了我的书，应该能够感受到，我写出了我所知道的全部内容。有人对我说，你是做培训的，把所有东西都写到书上了，大家就不会去听你的课了。其实，对这个我并不担心，因为我的出发点是帮助更多人。我希望更多人通过看我的书，能够解除他们的职业困惑，成长为强大的自己，那我就满足了。

利他的价值观贯穿于我职业发展的全过程。这让我觉得，我现在所做的事情，就是我这辈子最热爱的。

当一个人能够真正把自己的价值观践行于他的职业之中，他才真正找到了一生的热爱。从古至今，那些真正能够成就一番事业的人，无不如此。

时常有学员问我，选择一份职业，到底应该以什么来作为第一标准。

在我的脑海里，首先浮现的答案，肯定不是金钱。金钱只是实现自我价值之后的附加产物。我觉得每个人选择职业，都应该遵循内心的选择。这就是你的使命。

当你的使命建立在帮助他人的基础上，那你就有了强大的驱动力。这样，你就不会轻易放弃，同时也更容易成功，成就也更大。

种下利他价值观的种子，当它吸收足够多的养分，就会在你的职业生涯之土上生根发芽，直至长成参天大树。这棵大树，能够让你克服任何职业发展的困难。

愿你的职业生涯，既能光彩自己，又能照耀他人。

当利他的价值观在你的职业生涯中闪耀，我相信你会有着不一样的职业生涯。

做一次价值观测试，让你清楚自己所爱

"我觉得警察这个职业好，除暴安良，是正义的化身，毕业之后就去考警察吧！"小威的母亲对小威说。

"可是我觉得警察这个职业有点辛苦，工作时间不定，而且我喜欢在企业上班，这样自由点。"小威不是很愿意按照母亲的建议选择职业。

每一个人，对现实中的所有事情，内心都会有一个评价的标尺：什么事情是好的、值得提倡的、重要的，什么事情是不好的、不值得提倡的、不重要的，这就是价值观。

不同的人具有不同的价值观，在上面例子中，小威和他母亲对警察这个职业的不同评价，则反映了他们价值观的不同。

价值观是比较固定的，它不会像能力、兴趣那样可以随意转换。一个人违背自己的价值观去选择一份职业，往往会导致他为了工作而工作，而不会全身心投入工作中。这也导致了很多人在大学毕业的时候，没有按照自己的价值观去选择职业，最后随便选择了一个职业之后，不得不面临转行的尴尬。甚至有些人直到 40 岁，才发现自己没有工作的动力了，迷茫了，因为他所做的事情和他的价值观已经出现了偏离。

我有一个律师朋友，算是功成名就，早已实现财务自由。但在 40 岁的时候，他跟我说，他突然找不到自己的目标了，现在很迷茫。我

对他说，你试着去了解一下自己的价值观，遵循内心价值观去做事，也许你会重新焕发出活力。

后来，他不再做律师，而是开了一家休闲咖啡店，每天和朋友聚聚会，这就是他想要的生活。他对我说，他发现自己似乎找到了下半辈子要做的事情。每天打理咖啡店，他忙到晚上11点都不觉得累。

遵循你的价值观去做事，真的可以让你全身心投入，不计付出。

因此，了解并识别你的价值观非常有必要。如果你刚毕业，那价值观可以帮助你找到择业的标准；如果你已工作多年，价值观则可以告诉你，为什么你工作多年，却依然不满意现在的工作，为什么职业发展停滞不前。

了解价值观与职业的关系

美国心理学家洛克奇在他的著作《人类价值观的本质》中指出，人类有13种重要的价值观，分别是：成就感、审美追求、挑战、健康、收入与财富、独立性、爱、家庭与人际关系、道德感、欢乐、权力、安全感、自我成长和社会交往。在这个基础上，我列出了15种职业价值观给大家参考（见表2.1）。每一种职业价值观的背后，都有与其相对应的职业选择的特征。

如何找到你的职业价值观？

下面，我列出了一些重要的价值观和对应的职业选择特征。接下来，你可以准备一张白纸，跟着我的步骤，找到你的职业价值观。

步骤一：下面所有的价值观中，有哪5个是你可以首先放弃的？你可以用笔把它们画掉。

步骤二：在剩下的10个价值观中，你需要再选择5个对你来说非常重要的价值观。也许你会觉得很难，但问问自己，如果你有100万元，你需

表2.1 价值观和职业选择的特征

价值观	职业选择的特征
金钱和财富	将薪酬作为选择工作的首要依据，迫切希望改善财务状况，工作的目的或动力主要来源于对收入和财富的追求
成就感	工作能够提升社会地位，得到众人的认可，对工作挑战感到满足。这种类型的职业者一般从事专业技术型工作。他们喜欢面对来自专业领域的挑战，不喜欢从事一般的管理工作
自由独立	在工作中能够独立，最好能够充分掌握自己的时间和行动，不喜欢条条框框，不喜欢别人指挥、干涉
身心健康	对健康十分看重，希望工作强度、压力不要过大，拒绝危害身心安全的工作。如果工作令人过于紧张和焦虑，也会让其放弃
权力支配	能够影响或控制他人，使他人按照自己的意愿去行动。这种类型的职业一般具有指挥、协调、控制、计划等职能
安全与稳定	追求工作中的安全与稳定感，关心自己的财务安全，例如退休金和退休计划。为可以预测将来的成功而感到放松。稳定感包括诚信、忠诚以及完成老板交代的工作。这类型的职业一般是一些福利好、保障性高、升迁途径明确、可以预测自己未来的职业
自我实现	工作能够提供平台和机会，使自己的专业和能力得以全面运用和施展，实现自身价值
挑战	能有机会运用聪明才智来克服困难，喜欢用创新的方法解决问题，战胜强硬的对手，克服难以克服的困难障碍等。对选择此类型工作的人而言，选择一份职业是因为这份职业的多变性。如果事情非常容易，他会立刻感到很无趣。这种类型的职业充满不确定性
自我成长	能够追求知识上的更新，寻求更圆满的人生，在智慧、知识与人生感悟上有所提升
追求美感	对美感非常看重，要求工作环境宜人，工作地点处在繁华位置，周边环境优美
生活平衡	喜欢平衡个人、家庭和职业的需要的工作环境，希望将生活的各个方面整合为一个整体
正义感	职业不能违背道德、法律等
帮助他人	能够有更多机会去帮助他人，认识到自己对他人是有价值的
快乐至上	享受工作，在工作中追求乐趣
人际关系	追求人际关系的和谐，希望与周围的人保持良好人际关系

要将这 100 万投资到这 10 个价值观上。投资越多，回报越大。你可以把 100 万全部投资到 1 个价值观上，也可以分配到 10 个价值观上。完成之后，投资最多的那个价值观，也许就是你生命中最重要的价值观。

步骤三：也许到了最后，你依然无法确定哪个是你最重要的价值观，那就问自己一个问题：如果你不得不放弃其中一个价值观，你会放弃哪一个？用这个方法，直到只剩下最后一个价值观。

Part 3

全情投入：
不感兴趣的工作你怎么拼？

兴趣是不会说谎的

让我认识到兴趣对一个人职业发展的重要性的，是我一个朋友的弟弟。

朋友的弟弟是"90后"，小时候贪玩，不喜欢读书。读到初中毕业，他就决定离开学校，去外面打工。

那时他家人极力反对，认为社会竞争极其激烈，不读书就没有出路。无奈朋友的弟弟对读书毫无兴趣，于是他不顾家人反对，来到了东莞打工。

由于学历低，加上没有工作经验，他只能到工厂去做普工。刚到东莞的时候，人生地不熟，有些工作就算他不想做，但为了生存，也只能接受。他想，先解决生存问题再说以后的事吧。

他去应聘了一份不需要任何工作经验的普工工作。这份工作极其单调，每天的工作时间是早上8点到晚上9点。这份工作属于流水线性质，每天站在同一个地方，机械地重复着给机器打螺丝。每天的工作很忙，他连喝口水的时间都没有。

一天下来，他感觉身体快散架了，手臂也不属于自己了。

这样重复单调的工作，让朋友的弟弟极其不适应。他渐渐对它失去了兴趣，萌生了离开工厂的念头。

知道他的想法之后，家人立刻打消了他的念头：当初叫你读书你却不读，现在一点工作经验都没有，离开工厂能干啥？兴趣这东西有什么用？养活自己才是大事。

家人说的话句句在理，让朋友的弟弟断了辞职的念头，唯有强迫自己做下去。

然而，朋友的弟弟对人际交往的喜爱以及对跟物有关的工作的反感，让他对这份工作的厌恶彻底表现了出来：每天他度日如年，工作敷衍，毫无激情，时常出错。见他这样，主管便狠狠地批评他，警告他如果继续这样，就让他滚蛋。

对工作的生无可恋，加上主管的批评，让朋友的弟弟坚定了离职的决心。

终于，在一次重大失误发生后，工厂决定辞退他。而这正中他下怀，所以他没有过多怨言，便离开了工厂。

离开工厂后，为了养活自己，他必须马上找到新的工作。他想去找跟人打交道的工作，因为这符合他的兴趣。于是，销售成了他的首选。但是他的口才一般，学历又低，家人告诉他，别眼高手低，先去做个技术学徒工，学点技术，将来有一门技术在手，也不怕赚不到钱。

朋友的弟弟说，他还是想找自己喜欢的工作。于是，他继续去面试销售的工作。终于，功夫不负有心人，有一家公司愿意招聘他做销售，但是月工资只有1500块（学徒工资），而且没有提成。公司的意思是先培养他，等两年之后，再跟他谈涨工资的事。对他来说，这1500块钱，估计连生活费都不够。

而就在这时，家人那边传来消息：一位亲戚给他介绍了一份保安的工作，工资将近2600元，包吃住。

这让朋友的弟弟为难了：一份是自己喜欢的工作但工资低，一份是福利待遇好得多的但自己不喜欢的工作。该如何选择？

很多时候，人不得不在现实和理想之间不停地徘徊，最终做出一个可能影响你一生的选择。

这一次，朋友的弟弟再次向现实低头，去做了保安。因为他觉得自己还年轻，还可以过几年再说。

保安的工作一样单调无比，虽然福利待遇还可以，但他做得不开心。一年后，单调的工作内容，每月白夜班的轮换，让他对工作产生了倦怠，又产生了想辞职的念头。

这一次，他裸辞了。

马云说，员工离职的原因，要么是钱给少了，要么是心委屈了。人是感性的动物，当对一份工作不感兴趣的时候，就很难坚持下去。

朋友的弟弟又开始了新一轮的找工作历程。

但机会就像手中的沙子，漏下去后，就再也回不来了。这一次，他再也没有找到自己感兴趣的工作。为了生存，他唯有继续回到工厂，做着自己不喜欢的普工工作。

就这样，兜兜转转，蹉跎了几年，他还是做着自己不喜欢的工作。由于不喜欢，自然也就不会付出，也就根本谈不上职业发展。

兴趣是不会说谎的，当你不喜欢某一份工作的时候，你很难强迫自己长期为它付出。就像一段感情，也许你可以跟一个不喜欢的人结婚，但你们之间会平淡如水，不会有任何激情。你俩就会像两条平行线，只是为了搭伙过日子，而不会为彼此付出半点，久而久之，分开就是必然的事情。

读到这里，也许有朋友会提出疑问，兴趣对一个人的职业发展的作用真的有那么大吗？

其实，在我看来，兴趣并不是一个人择业的必备条件。在我们身边，也有很多人对自己的职业不感兴趣，但也做出了成绩。因为工作看的是结果，兴趣并不能直接产生结果，但它却能对产生结果的效率产生极大的影响。

但是，兴趣是一个人从优秀到卓越的必备条件。如果你只是把一份工作当成生存的工具，那你可以做不喜欢的工作。但要将一份工作做出卓越的成绩，没有兴趣是不可能的。

在工作中，"工匠精神"是绩效卓越的体现。工匠精神，是指工匠以极致的态度对自己的产品精雕细琢、精益求精、追求更完美的精神理念。

没有工匠精神，很难出精品。古语云："玉不琢，不成器。"工匠精神不仅体现了对产品精心打造、精工制作的理念和追求，更需不断吸收最前沿的技术，创造出新成果。而这一切的基础，是一个人对所做事情的兴趣，因为只有感兴趣才会产生真爱；只有热爱，才能激发一个人的工匠精神。

当一个人对自己从事的工作不感兴趣的时候，他就会敷衍了事，更别说专心研究甚至具有工匠精神了。

兴趣不会说谎，真正能让你成就一番事业的，不是你强迫自己做了多少事情，而是你心甘情愿、聚精会神地扑在上面，坚持一辈子。而这一切的根源，便是兴趣。

你可能遇到了假的兴趣

"我辞职了。"小Y扔给我一句话。从此，她成了一个失业的人。

对于她的辞职，我已经不再惊讶，因为她说，她至今仍未找到自己感兴趣的工作，她还想继续找。

我问她："你喜欢什么样的工作？"

她很快就回答我："我喜欢做跟美食相关的事情。"

"为什么呢？"我问她。

"因为我很喜欢美食，经常参加一些美食大会、美食展览。我觉得吃美食的感觉让人很放松，心情很好。我觉得这就是我的兴趣。"她很开心地说。

"那你有没有试着去找跟美食相关的工作呢？"我继续问她。

听了我这句话，她目光躲闪了一下，然后不好意思地说："还没有去找过。我想尝试的时候，我父母都不同意，所以一直不敢踏出这一步，就这样一直拖到现在。"

"你不是一直想找到自己感兴趣的工作吗？为何不去试一下？"既然没有更好的选择，我只能鼓励她多尝试。

"好啊！有了你的鼓励，我决定去尝试一下。以后再跟你汇报我的情况！"她俨然把我当成了老师。

我答应了她。

半年后，她再次找到我。

"刘老师，我觉得我可能遇到了假的兴趣。"

"为什么呢？"我觉得有点奇怪。

"我去应聘了一份美食杂志的编辑职位，每天的工作就是跟各种大厨和美食打交道，然后写美食推荐稿。做了一段时间后，我发现自己非常讨厌做美食的过程。跟着大厨拍摄食物从无到有的过程，让我之前对美食的美好想象荡然无存，取而代之的是对肮脏的杀生环境的厌恶。"她好像有一种心有余悸的感觉。

"哈哈，你是个富家女儿，自然受不了这样的环境。"我调侃道。

"我只是希望我的工作环境是干净、卫生、美好的而已。"她解释道。

我理解她的意思。很多时候，我们错把让自己舒服的东西当成自己的职业兴趣。例如，看电视让我们觉得放松，玩游戏让我们觉得刺激，而这些，带给我们的都是短暂的愉悦，当这种短暂性的愉悦感得到满足后，我们便会放弃它。

当你用"舒服放松"这个标准去衡量你的职业兴趣的时候，你很快就会厌倦它，而这就是假的兴趣。

只有真正的兴趣，才能成为你职业成功的助推力。

兴趣分为 3 个阶段（见图 3.1），分别是有趣、乐趣、热爱。这 3 个阶段可以逐级上升，也可以越级上升。

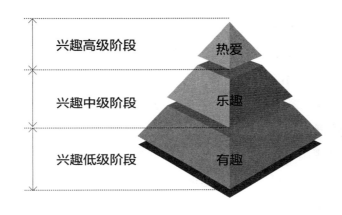

图 3.1　兴趣的 3 个阶段

有趣。有趣是指你对一件事情有喜欢的感觉，想去做，在做的过程中能够产生愉悦感。也许你体会过这种感觉：去公园玩碰碰车的时候，你觉得很好玩很刺激，可是一旦玩过之后，你就满足了，在一段时间内，就不会再玩了。但下次再来公园的时候，你又想玩了。因为隔了一段时间，你内心又产生了对碰碰车好玩刺激的渴求，你必须通过玩碰碰车来满足它。

有趣是兴趣的低级阶段。人们会对很多东西觉得有趣，例如唱歌、旅行、跳舞等。

让你觉得有趣的东西，你对它的向往是断断续续的。例如，你可能会定期去 KTV 唱歌，但你绝对不会时时刻刻都想去唱歌。

我上初中的时候，曾经对弹吉他产生了兴趣。因为看到别人弹吉他的时候，我觉得他们好酷，所以我也想像他们一样酷。于是，我也买了一把吉他。可是，弹了几天后，我就觉得很无趣，于是就放下吉他去做别的事情了。再过几天，我又拿起吉他玩了起来。

对于我来说，弹吉他就不是我真正的职业兴趣，我只是觉得它有趣而已。

乐趣。乐趣是指你能去做一件事并能把它做好，在做的过程中产生快乐感。乐趣是兴趣更高一级的阶段。我们经常对别人说："做一份工作，你要学会享受其中的乐趣。当你能够从工作中得到乐趣的时候，你工作起来是快乐的！"这说明乐趣对工作很重要。如果你在工作过程中感受不到乐趣，那你肯定不会持久地做下去。每天，你会很抗拒上班，即使你硬着头皮上班了，也会在潜意识里逃避这份工作而盼着早点下班。最终的结果是，工作效率低下，工作与生活完全分离。

乐趣体现出来时，到底是什么样子的呢？看看下面这段描述：

每天早上，你早早起床，迅速地刷牙洗脸吃早餐，然后赶公交、地铁上班；来到公司后，你先用毛巾抹干净桌子、椅子等，收拾好桌面上的物品；然后打开电脑，回顾昨天的工作内容，并计划好今天的工作内容，考虑今天你要解决的难题是什么，随后迅速进入工作状态……眼前的工作，让你感到惬意。随着时间的推移，你心中的杂念都消失了，心里只有工作这件事情。如果真的是这样，那就说明你已经感受到了工作的乐趣。

乐趣并不抽象，对照我上面的描述，你就知道，你的工作是否让你从中感受到了乐趣。如果是，你就能够产生良好的工作绩效。

乐趣还有一个重要的特征，就是它能让你把一件事做好。只有这样，你才会感受到这件事的乐趣。所以，乐趣会促使你不断学习，不断成长。

那么，有趣与乐趣有什么不同呢？有趣只是让你在感官上、心理上觉得舒服，是一种被动的感受。你觉得某件事情有趣，是因为你可以轻而易举地从中得到某种心理上的满足，但这种感觉是短暂的。而乐趣让人产生的感觉是比较持久的。这就是乐趣和有趣最大的区别。

对大部分人来说，能够从工作中享受乐趣，已经很幸运了。但对于那些工作狂，那些想成就一番大事业的人来说，乐趣并不能满足他们。唯有把乐趣上升到热爱，才能让他们感受到工作的意义所在。

热爱。热爱是兴趣的最高级阶段。热爱是你对你所做的事情充满幸福的憧憬，并全身心投入去付出、去奋斗，享受其中过程（不管是酸甜还是苦辣），即使没有回报也不后悔。在你工作过程中遇到阻力、挫折时，才显出什么是你的最爱。

对我来说，写作是我真正热爱的事情。在开始写作之初，很多人告诉我，现在写作赚不了什么钱，还浪费时间，不如做点能赚钱的事。但在我的眼里，做自己热爱的事情，才能在漫漫人生中走得步履轻盈。

我写作速度算是比较快的，很多人问我："写作对你来说，是不是信手拈来的事情？"我说："不是。"其实，写作对我来说，有时很"痛苦"。因为我要从全局去构思，还要考虑用什么样的写作手法，列举什么样的案例，用什么样的词语才能吸引读者。这个过程耗费的体力、脑力都是巨大的。有时候，写一篇文章，我需要静静地坐在电脑前思考、打字一整天。这个过程是枯燥的，但也让我的表达欲望、成就欲望得到满足。

这些"痛苦"，丝毫没有阻止我写作的进程。相反，我为写作放弃了很多让我觉得有趣的事情，例如周末的外出放松、玩游戏、看电视等。因为这些有趣的事情，带给我的都是表面上的快乐，但我的内心却是空虚的。当然，生活需要平衡，我并不鼓励大家把所有的时间都花在你热爱的事情上。在适当的时候，做点有趣的事情，对做好热爱的事情是有帮助的。

做你热爱的事情，会让你的内心感到无比充实。所以，真正的兴趣，是你的热爱。当我们谈选择职业要选自己感兴趣的事情的时候，其实是在谈，你应该做你热爱的事情，而不是你觉得有趣、有乐趣的事情。

当你的兴趣上升到最高级阶段——热爱，你的能量才会真正迸发出来。就像我，就算过程"痛苦"，我也能够孜孜不倦地写作。于是，我在短短3年的时间里，出了3本书。"痛并快乐着"，是对做自己热爱的事情最好的描述。要做成功一件事情，不可能永远只有快乐，痛苦也是成长的一部分，而痛苦会让你更加热爱你所做的事情。

如何判断什么才是你真正的兴趣——热爱？

找到自己热爱的事业，是每个人的梦想。那该如何判断你所做的事情，就是你热爱的呢？

内心永远得不到满足。 上面谈到，做有趣的事情时，我们心里的满足感是短暂的，所以它能够瞬间得到满足；但做热爱的事情，我们内心永远不满足。这种内心不满足的感觉，会驱使我们不知疲倦地做下去。

想想你的过往或者现在，你所做的事情中，是否有一件事，让你很想去做，就算不给你回报，你也觉得值，你仅仅是为了能够做它就满足了？如果有，那这件事情就是你热爱的事情。

自我驱动的提升。 对很多人来说，从小到大，做很多事情，都不是自我驱动的。例如，我们去学钢琴，因为父母逼我们；我们选择金融专业，因为觉得金融行业赚钱；我们锻炼口才，是因为领导的要求。

不是来自内在动机的，根本谈不上热爱。

我以前从事招聘工作的时候，判断一个人是否真正热爱他的职业，有一个简单的方法，就是问他是否主动看过与其本职工作相关的书，是否花钱参加过相关的职业培训。当一个人对他的职业不感兴趣的时候，他不会主动为此花钱去做任何有关提升自我的事情。

有计划地乐此不疲。 当你热爱你所做的事情的时候，你会为此付出你的所有。工作的过程，永远不会只有乐趣，更多的是烦琐和无趣。但如果真正热爱的话，你会面对这些烦琐和无趣，并有计划地去坚持。你既能够做好现在，也能够有计划地布局未来，并为此乐此不疲。

你会登陆哪座职业兴趣岛？

转眼之间，白领小 X 已经工作了两年的时间。在这两年里，小 X 一直不知道自己喜欢做什么，所以一直做着零散的工作，浑浑噩噩地过着日子。有一天，他在梦中梦到了一个爷爷。爷爷告诉他，在不远的地方，有一座小岛，那里有一群和他有着同样兴趣的人，他们做着自己感兴趣的事情。只要找到这座岛屿，小 X 就可以找到自己喜欢的工作。

小 X 跟随着爷爷的指导，来到了一个地方。就在这时，前面出现了 6 条路。这 6 条路，小 X 都可以选择，也可以重复走。但是小 X 看到一个立起来的大牌子上写着警示：请谨慎选择，如果走错，你将付出巨大的时间成本。

另外，在旁边还立着 6 块牌子，分别是这 6 条路所通向的岛屿的介绍。

小 X 走近这些牌子，逐一仔细地看了起来。

从左往右，第一个牌子是研究岛。只见上面写着介绍：

基本特征：岛上建有很多实验室，岛上的人比较喜欢独来独往，但是当他们遇到问题的时候，也会聚集在一起，探讨事情的真相，并得出解决方案。

所住人群：人类学家、天文学家、化学家、物理学家以及进行程序设计、软硬件研发、实验分析等工作的人。

行为特征：喜欢抽象的、分析的、独立的定向任务，要求具备高智商或分析才能，并将其用于观察、估测、衡量、形成理论，最终解决问题，并具备相应的能力；喜欢独立的和富有创造性的工作，不善于领导他人；考虑问题理性，做事喜欢精确，喜欢逻辑分析和推理，不断探讨未知的领域。

第二个牌子是艺术岛，上面写着介绍：

基本特征：这是一座具有文艺气息的岛，岛上到处建有清吧，清吧里的歌手在尽情欢唱。岛上还有美术馆、音乐厅，每到傍晚，你会看到一群打扮随意、披着长发的人在街上交流。

所住人群：演员、导演、艺术设计师、摄影家、歌唱家、作曲家、乐队指挥、作家等。

行为特征：他们有创造力，乐于创造新颖、与众不同的成果，渴望表现自己的个性，实现自身的价值；做事比较理想化，追求完美，不重实际；具有一定的艺术才能和个性；善于表达，怀旧，心态较为复杂。

第三个牌子是社会岛，上面写着介绍：

基本特征：这是一座充满着互动、互助的岛。岛上的人喜欢交际，这座岛上有很多交际活动。在岛民的脸上，你可以看到热情好客的表情。

所住人群：教师、教育行政人员、咨询人员、公关人员、社区工作者等。

行为特征：他们喜欢与人交往，不断结交新的朋友，善于言谈，愿意教导别人；关心社会问题、渴望发挥自己的社会作用。

第四个牌子是企业岛，上面写着介绍：

基本特征：这是一座非常现代化的岛屿，岛上建有很多企业，岛的开发程度很高。岛上处处都是高级酒店、高级运动场等；贸易活动随处可见。

所住人群：销售人员、营销管理人员、政府官员、企业领导、法官、律师等。

行为特征： 具备经营、管理、劝服、监督和领导才能，喜欢能实现政治、社会及经济目标的工作。他们追求权力、权威和物质财富。喜欢竞争，敢冒风险，有野心、抱负。

第五个牌子是传统岛，上面写着介绍：

基本特征： 岛上建筑风格比较传统，城市规划完善，社会安全稳定，一切都在有条不紊、按部就班地进行。岛上居民个性保守。

所住人群： 办公室人员、记事员、会计、行政助理、图书馆管理员、出纳员、打字员等。

行为特征： 喜欢注意细节、精确度的职业。岛上人做事系统而有条理，具有记录、归档、据特定要求或程序组织数据和文字信息的能力。尊重权威和规章制度，喜欢按计划办事，习惯接受他人的指挥和领导，自己不谋求领导职务。通常较为谨慎和保守，缺乏创造性，不喜欢冒险和竞争，富有自我牺牲精神。

第六个牌子是现实岛，上面写着介绍：

基本特征： 这是一座处于自给自足状态的小岛，岛上居民都很擅长使用工具，他们自己修缮房屋，自己种植花果、手工制作器具等。

所住人群： 制图员、机械装配工、木匠、厨师、技工、修理工等。

行为特征： 愿意使用工具从事操作性工作，动手能力强，手脚灵活，动作协调。偏好具体任务，不善言辞，做事保守，较为谦虚。缺乏社交能力，通常喜欢独立做事。

小 X 看完这 6 个牌子的介绍，结合自身的情况，认识到自己是一个对人际沟通非常感兴趣的人。于是，他首先排除了研究岛、现实岛和传统岛，再想想自己并不喜欢个性化的艺术环境，所以他又排除了艺术岛。然后，他把目光集中在社会岛和企业岛这两座岛中。他考虑到自己不大喜欢领导别人，只喜欢通过沟通去达成自己的目标，喜欢人际互动，所以最后选择了社会岛。

其实，每个人的兴趣都非常广泛。很多时候，虽然无法准确地知道自己具体的兴趣是什么，但可以在这6大范围中逐步明确自己的职业兴趣。

对比以上的职业兴趣类型，你会登上哪座兴趣岛呢？

以上故事纯属虚构，是根据霍兰德职业兴趣编写的，主要是想帮助大家更好地理解这6种职业兴趣类型，希望对你有帮助！

如何让无趣的工作变得有趣

我一个朋友，工作已经有5年了。因为贪图轻松，一直以来做的都是基层的工作，每天朝九晚五，拿着只够生活费的工资。她说，她从不知道自己的兴趣在哪里，不知道自己的优势在哪里，不知道未来的方向在哪里，更不知道未来做什么可以改变自己的命运。为生活所迫，她也只能做着以时间换金钱的工作。

有一天，她突然发现，自己对眼前这份工作产生了厌倦，越来越没有斗志了。每天来到公司，就是为了完成任务，换取那点可怜的生活费。她想，她一辈子可能都要过这样的生活了。

我问她："你为什么突然对这份工作厌倦了？"她说，因为觉得这份工作根本就无法实现自己的梦想。

我问她："你的梦想是什么？"她说："想在深圳买房买车。"

我问她："那你觉得这份工作可以实现你的梦想吗？"她说："实现

不了。"

　　我继续问她："那你没想过改变吗？"她说："想过，可是生活所迫，不敢改变。"

　　不少人正在过着我朋友这样的生活。能改变时，却疏于行动；想改变时，却迫于现实而深感无奈。很多人就这样过完了一生。

　　当你毫无追求的时候，就会做一天和尚、撞一天钟，你就像一个机器人一样，每天重复地工作。这样一来，生活自然变得无趣。

　　有一次我跟一个朋友见面，他见到我的第一句话就是：见你一面真的很难啊！他这句话的意思我理解，因为我现在根本就没有了周末。很多时候，我总感觉自己的时间不够用。要写作，还要录制课程、讲课，完全处于打鸡血的满负荷状态。

　　他问我："你做的事情怎么会有那么大的吸引力，让你这样疯狂地付出？不觉得累吗？"

　　我说："我的目标很明确，而且我需要大量行动，才能实现我的梦想。要做的事情太多，我根本没法停下来。看到那些比我厉害的人比我还拼，我不得不拼！一停下来，我就被那些更牛的人甩到后面了！"

　　有目标的人，永远不会觉得无趣，更不会没有斗志。没有斗志，只是因为你还没有找到奋斗的意义和内容。

　　当你觉得工作无趣，毫无斗志的时候，不妨做好以下几件事情：

　　把眼前做的事情和你的使命联系在一起。使命就是你的人生目标。你之所以会没有斗志，是因为现在的工作跟你未来的人生目标没有联系在一起。当你怀疑自己所做的事情是否值得做的时候，想想你现在的工作是否能够实现你的人生目标。如果不能，建议你及时寻找新的方向。有时候，花一点点时间来想清楚自己的发展方向，再开始接下来的工作，会让你在未来走得更加坚定。

用积极的心态对待工作。当你觉得工作无趣的时候，有两种选择：第一，就是停止眼前这份工作，去寻找更适合自己的工作；第二，就是做好眼前的工作。没有哪一份工作是轻松的，也没有哪一份工作只有荣耀没有委屈。任何一份工作都会存在各种各样的问题，有成就感也有挫败感，有压力也有轻松，关键在于你是用什么心态去做这份工作。

积极的人像太阳，照到哪里哪里亮；消极的人像月亮，初一十五不一样。一份工作有各种问题和压力是很正常的，如果不存在问题，你就没有发挥的空间了，公司也不用雇用你了。还有一点就是，喜欢一份职业的话，不能只喜欢它的某一方面，而要喜欢它的大部分。人最大的幸福不是想着你还没有拥有什么，而是想着你已经拥有了什么。要多看看这份工作给你带来了什么好处，而不是只盯着看它给你带来了什么坏处。用积极的心态对待工作，你会发现每天工作都非常有激情。

找到你工作的动力。感觉工作无趣，是因为没有动力。任何人做一件事，都会有一个动力在牵引着他。每天无精打采消极地工作，是因为还没有足够大的动力。当动力足够大的时候，我相信你每天都会像打了鸡血一样。这就像赶驴，把一根胡萝卜挂在驴的眼前，但就是永远不让它吃到，让它以为走几步就能够吃到，它才会一直往前走。

人有各种需求，但只会对能够满足自己需求的东西感兴趣。对待工作也一样，当工作不能满足一个人的需求时，他也就没有兴趣了。

根据马斯洛需求层次理论，人有五大需求，分别是：生理需求、安全需求、爱和归属感需求、尊重需求和自我实现需求。

想想你现阶段的需求是什么，再对比你现在的工作，看看它是否能够满足你的需求。如果不能，那你就重新找到能够满足你的需求的工作，这样才能让工作真正变得有趣。

也许有一天，你会因为工作的种种不如意而暂时没了兴趣和斗志，但只要你知道自己将往哪里去，就永远不会感觉到无趣。经过短暂调整之后，你就可以抬头上路，继续向前。

生存与兴趣冲突怎么办?

有时候，我们不得不接受这样一个现实：我们憧憬着从事自己喜欢的职业，却因为种种限制而不得不放弃它。

也许有人可以义无反顾地说："不管怎样，我都要做我喜欢的事情，就算不给我钱!"可是对于大多数人来说，这样做只会被现实撞得头破血流。

认识小 Z 的时候，他刚毕业一年。他是我之前就职公司的一名销售。他来自江西，毕业于西安一所名牌大学，当初是通过校园招聘进入这家公司的。那时我是公司营销中心的人力资源合作伙伴，所以有很多跟他接触的机会。

第一次见到他的时候，我对他的印象很好。他穿着笔挺的西装，梳着干净利落的头发，看起来很精神，俨然一位成功人士。

可是有一天，我跟他出去外面公干，跟他聊起来时，才体会到他的辛酸。

那时是夏天。深圳的夏天，让人烦躁。走在外面，火辣的太阳晒在脸上，让人的脸颊发烫得厉害。走在路上，如走在烤炉上。豆大的汗珠，从脸颊上掉下来。这让我真正感受到了销售工作的不易。

"真羡慕你们这些坐办公室的，不用像我们这样每天在外面到处跑，日晒雨淋，有时还要被客户打击。"他首先开了口，语气中带点羡慕。

"我今天不也跟你一起出来了吗?"我幽默地说道。

"你不一样。你过两天就回去了，我可是天天都要出去跑的。"他笑着对我说。

"哈，每个职业都有每个职业的不易啊！只要自己喜欢就好。喜欢的话，再苦的工作，也觉得是甜的。"我想试着了解他是否喜欢销售这份工作。

"喜欢是喜欢，可是累啊！每天早出晚归，却拿着白菜价的工资。对了，你们人力资源部可以给我提提工资吗？再不提的话，我都快养不活自己了！"他一脸期盼地看着我，希望我给他一个肯定的回答。

"做销售有提成，你的工资肯定不会低的。"我有点不敢相信。当时我刚进入这家公司，对他们的工资情况并不了解。

"骗你的是小狗啊！"他还挺幽默的。

"等我熟悉工作后，再帮你看看。你可以叫你领导帮你提嘛！"我觉得他人还不错，也想帮他一下。但加工资一般都是由其上级领导提出来的。

"在你来公司之前，我就跟领导提过了，没用。"他有点失望，"再不涨工资，我只好回老家了。在深圳实在混不下去了！"

直到后来，我才了解到，他是以应届生身份入职公司的，公司统一定薪是每月4000元。直到现在，他还是拿着这点工资。

我再没有当面跟他聊工资的事情。和他办完事之后，已到中午。"走，我请你吃饭。"我想和他拉近一下关系。

坐在餐馆里，我跟他拉起了家常。

"现在住在哪儿呢？"我问他。

"住龙岗区，离公司挺远的。"他说。

"那每天花在路上的时间有两三个小时哦！"我顺着他的话说。

"是啊，没办法，如果在市中心住，花费太高，我承担不起。"他说。

"你学的是自动化专业，当初为什么会选择做销售的呢？"我问他。

"因为喜欢呗！我其实不喜欢做一些跟机器打交道的工作，不喜欢那种工作环境。大学的时候每次做实验，我就不由自主地想转专业，但没有成功，就只好努力把专业学好。在我毕业的时候，曾经收到一个跟我专业密切相关的 Offer，月工资 6000 块，比我现在的工资高多了。但我放弃了，因为我想做自己喜欢做的事情。"他打开了话匣子。

听了他的话，我感受到了他的理想化。我内心有点担忧，怕他选错了职业。

"你会后悔吗？"我问他。

"说实话，我并没有后悔。因为我想得很清楚，虽然刚开始工资低，但只要努力，我一样可以拿到想要的工资。"他似乎又很有信心。

"你当初做职业选择的时候，说对自动化工作不感兴趣，这是你的一种自我感觉呢，还是你真正做过相关工作，感觉是真的不喜欢？"我想确定销售是否真的是他的正确选择。

"毕业之前，我就在两家公司实习过，都是跟自动化有关的。可是，那段时间，做什么事情我都提不起精神，也经常出错。每天对着仪器，我感受不到快乐。我是一个需要经常和别人交流的人。所以，我觉得我的兴趣真的不在我所学的专业上！"他很坚定地说。

至此，我才放下心中的担忧。至少，他没有选错职业，在做着自己喜欢的事情。

"现在是你的积累期，也许你很快就可以做出业绩，在收入上有所提升。当你坚持在一个领域不断深耕，一定会有结果的。但工作不能光靠激情，也要讲方法，这样才能做出成绩！"我鼓励他坚持下来，同时给了他一些建议。

他点头表示赞同。接着，他快速转动眼睛，似乎在思考什么。过了半分钟，他对我说："今天我想得更加清楚了。如果我当初选择了自动化工作，也许我可以拿着比现在更高的工资，但我肯定坚持不了多久。我曾经也怀疑过自己当初的选择是否错了，但今天跟你聊过之后，我发现没有错。至少从长远来说，我没有错。"

　　我很高兴我能帮助他坚定信心。

　　自那次后，我听他的主管说，小Z比以前更加努力了。我知道，也许是他更加坚定的原因。再后来，小Z的销售业绩排名上升到公司前三位。

一个人职业上的成功，有很多方面的因素，但兴趣至少是一个很重要的因素。我很高兴小Z跨过了兴趣与生存冲突这一关，做了自己喜欢做的事情。

　　做自己喜欢的事情是幸运的。同时如果能够通过做自己喜欢的事情，获得自己想要的东西，也是幸福的。

　　即使这样，我也不鼓励大家不顾当下的实际情况，一味地去从事自己喜欢的工作，这样很可能让你碰得一鼻子灰。那么，当生存与兴趣冲突的时候，我们怎么才能更加智慧地处理这个问题？

　　刚毕业的时候，我曾经欠了几万块钱的债。那时的我，其实更多的兴趣是创业而不是就业。但是，现实让我很受伤。第一，我没创业资金；第二，我需要还债；第三，我还需要活下去，一切只得靠我自己。

　　所以，我必须找到一个"曲线救国"的办法。于是，我思考以下三个问题：第一，什么职业跟我的兴趣更加接近？第二，哪种职业更容易让我以后走上创业之路？第三，哪种职业既能养活我，又能让我有更多上升的空间？

　　结合我的实际情况，我认为，总的来说，我喜欢做跟人打交道的工作，加上我学的是人力资源管理专业，而且，如果从事人力资源管理工作，以后创业的机会也是挺多的。于是，我就自然而然地选择了从事人力资源方面的工作。

　　工作多年后，我发现，一个人很难找到一份让自己百分之百感兴趣的职业。因此，只要选择的职业在自己的兴趣范围内，都是可以的。

　　就这样，我很自如地在兴趣和生存中转换。当然，这个过程需要比别人付出更多。但是就跟爱情一样，哪一段美好的爱情，是不靠付出就能轻易获得的？为了职业的幸福，再多的辛苦付出也值得！

如果上面的分享还不足以让你受益，对生存与兴趣冲突这个话题，我还想谈谈以下看法和建议：

具体问题具体分析。 我不会一刀切地叫你去做感兴趣的事情，或者做能让你生存下来的事情。如果你感兴趣的事情足以让你生存下来，而且在短时间之内，例如半年，我建议你从事自己感兴趣的事情。

还有一种情况是，如果你非常确定，这就是你一辈子要做的事情，我建议你毫不犹豫地选择做你感兴趣的事情。

因为钱可以慢慢赚，但是有些事情，尤其是你感兴趣的事情，现在不做，可能一辈子就不会做了。

值得注意的一点就是，千万不要从事那些跟你的兴趣完全背道而驰的职业。例如，你本来就很讨厌做跟机器打交道的工作，但为了生存却选择了它，那就有可能会害了你一辈子，因为人的兴趣是很难一下子改变的。

努力为从事感兴趣的事情做准备。 即使暂时无法从事自己喜欢的事情，你也应该努力为从事感兴趣的事情做准备。

我一个朋友，出生于一个贫穷的家庭，大学学的是师范专业。毕业之后，为了养家，他做了一名教师，但他内心其实并不喜欢教师这个职业，而是向往做一个律师。所以，他一边教书，一边考律师资格证，并且努力学习很多法律知识。

5年后，他成功转行做了一名律师。

律师是一个需要很多沉淀的职业，在经济条件不允许的情况下，他并没有贸然去从事这个工作。这或许是他最为妥当的做法，既对家人负责，又做了自己喜欢的事情，只不过时间晚了点。有时，选择做自己喜欢的事情，

"曲线救国"比"鲁莽单干"更有智慧。

别为兴趣做傻事，可以先做自己最擅长的事情，养活自己。在我的第一本书《在最能吃苦的年纪，遇见拼命努力的自己》里，我曾说过，兴趣和能力是可以转换的，因为这两者都是可以培养的。

当兴趣和生存冲突的时候，你可以先做自己最擅长的事情以养活自己。而当你能够将一件事情做好的时候，兴趣也就慢慢培养起来了。

兴趣－从业模型：如何正确地开始你感兴趣的职业

去年，一个学员加了我的微信，给我发了信息：

"刘老师，我现在在一家工厂做品检工作，可是我每天做得很不开心。因为现在这份工作只是我为了生存而做的，我每天都是为了上班而上班。每天早上准点到公司，下班准点走，就像一个机器人一样。

"虽然这份工作也能够满足我养家糊口的需要，但是我内心真正感兴趣的工作是做培训师。虽已工作多年，但是培训的梦想在我的心中始终没有破灭，我内心还是很想从事这份职业的。可是，我已不知道该如何开始这份职业了。

"我知道你是一名培训师，我也看过你的第一本书，了解你的经历，我在内心挺佩服你的。可是，我没有你那么有勇气，想做什么就做什么。希望你能够给我一点指导，告诉我该怎么办。"

看到他的信息，我回了他："在保证你能够养家糊口的情况下，可以循序渐进地去做你喜欢的事情。"

他回了我信息："可是我口才一般，也没有勇气站在众人面前演讲，怎么办？"

我诚恳地建议他："能力都是可以培养的，关键是看你为了自己感兴趣的事情，愿不愿意去付出。你现在还不具备做培训师的条件，可以先在工厂做着。但在平时，你可以多参加演讲训练，提升自己的公众演讲能力，同时积累自己的专业知识并提升授课技巧。到时，你转型做培训师就是自然而然的事了！"

他回复我："谢谢刘老师！那我还是在工厂工作，然后利用平时的时间，多多训练自己的能力吧！"

三个月后，一次偶然的机会，我遇见了他。

我问他："你转行做培训师的事，进展怎么样了？"

他听了，不好意思地说："刘老师，真不好意思跟你说。刚开始，我每天坚持去锻炼口才。可是一段时间后，就变得断断续续了，所以效果也不大好。我觉得转行的事还是慢慢来吧！"

我问他："你不是很喜欢做培训师吗？怎么突然没有动力了？"

他说："以前我觉得做培训师挺好的，也很羡慕那些站在台上讲课的人。可是，最近在训练的过程中，我又有点犹豫了。我问自己是真的喜欢这个职业呢，还是只喜欢它表面的光环。我变得不坚定了。另外，我平时比较忙，挤不出太多时间去锻炼自己。我现在突然觉得培训师这个职业离我很远，开始感觉后劲有点不足了。"

我理解他的想法。

也许你不知道自己喜欢做什么，或者你很喜欢某一个职业，却不知道如何入行，或者你根本就不具备从业条件，于是你就开始迷茫了。

如果刚毕业的时候，你没有做自己喜欢做的事情，那么，以后想转行，难度会非常高。但是，如果能够真正从事一份你向往的职业，那就算是付出再大的努力，也是值得的，对吗？

如何正确开始你感兴趣的职业

对于感兴趣的职业，你可能会有一种隔河相望的感觉。你想拥有它，却被河流隔开。下面，我给大家介绍一个"兴趣－从业模型"（见图3.2），帮助你轻松进入感兴趣的职业。

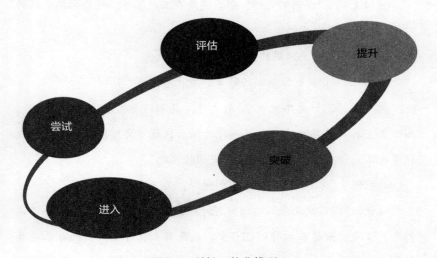

图 3.2　兴趣－从业模型

尝试。对于不知道自己喜欢什么和兴趣在哪里的人，唯有尝试才是解决的根本办法。唯有经历过，你才会知道自己喜欢什么、适合什么。如果一份工作，你做了一年半载，都没有办法做好，它也无法让你喜欢，那就赶紧去寻找下一份，不要贪图暂时的享受与安逸。通过尝试，可最终确定你感兴趣的职业。

评估。可以从三个维度去评估你是否胜任一份职业。它们分别是：心态、技能、素质（见图3.3）。

对于任何一个职业，都有必要从以上三方面去考虑，以判断你是否具备从业的条件。

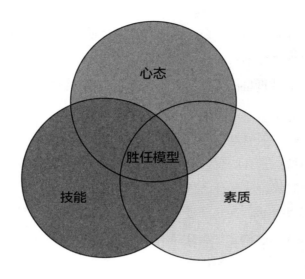

图 3.3　胜任模型的三个维度

比如培训师这个职业，在心态方面，你需要拥有热衷分享、助人达己、充满正能量和积极向上的心态。在技能方面，第一，你需要具备专业技能，必须在某个领域有一把"刷子"，才能成为别人的老师；第二，具备演说技能，要想成为一名优秀的培训师，你就必须成为一名优秀的演说家；第三，具有逻辑思维，逻辑思维是一个培训师必备的技能。在素质方面，要求你善于总结、善于创新、具有营销思维等。

关于每个职业的胜任模型，大家可以在网上找到很多资料。这个模型，可以帮助你了解你跟你向往的职业之间的差距，弄清楚哪些是你的优势，哪些是你需要提升的。

提升。 如果你具备你感兴趣的职业所需要的能力和素质，那你肯定可以轻而易举地从事它了。如果你不具备这些能力和素质，那你就要针对自己的弱项，不断提升。就像我前面提到的那位学员一样，他想做培训师，就要提升自己的演讲能力。如果做不到这一点，就根本无法走到下一步。

突破。很多时候，你会被自己的思维所限制。有时，你不是做不了自己感兴趣的职业，而是你习惯于待在自己的舒适区，不敢挑战和突破。就像上文中提到的那位学员一样，当他认定"我无法提升口才"的时候，我敢肯定，他以后就再也没有机会做培训师了。因为你连想都不敢想，怎么会去做呢？

所以，要敢于突破自己的思维限制，走出自己的舒适区，让自己的生命有更多的可能。只有这样，你才不会离你感兴趣的职业越来越远。

进入。有时候，从事自己喜欢的职业的时机很重要。如果你非常肯定自己就喜欢做某件事，而且又没有经济上的后顾之忧，我建议你毫不犹豫地去做。如果你不够确定，而且经济条件不允许，那你就先做能让自己生存下去的事情，同时，不断提升你感兴趣的职业所需的能力。这样，到了一定的时机，你就可以水到渠成地做自己喜欢的事情了。

培养你的职业兴趣的最佳步骤

很多人确实是"无趣"之人。当你问他们兴趣是什么的时候，他们沉思许久，然后给出一个答案："我真的不知道自己的兴趣是什么，也不知道自己有哪些兴趣可以发展成职业。"

其实，他们不是没有兴趣，而是从来没有去发现自己的兴趣，并培养它。我曾经帮助过一位朋友 H 培养出了他的职业兴趣。

两年前，H 大专毕业，学的专业是旅游管理。

其实，他的兴趣非常多。他一一列出来：听歌曲、看英文原版小说、看英文电视剧、短途旅行、周末慢跑、手绘、演讲、沟通、聚会等。由于对职场的迷茫，他还喜欢看传记。

就是有着这么多的兴趣的他，却在毕业的时候，不知道自己该做什么了。

我一边跟他聊天，一边看他列出的"兴趣清单"，心想，其实他拥有很多优势，因为他的很多兴趣在职场中都可以找到与其对应的工作。

"在这么多兴趣中，你觉得哪种兴趣最容易转化为你的能力？"我想了解他的兴趣的可利用价值。

"嗯，我觉得是看英文原版小说、看英文电视剧、手绘、演讲、沟通这几种。"他思考了几秒钟，说出了几种兴趣。

"不错。那你可以说说，你最想成为什么样的人吗？"我继续问他。

"我想成为一个能够通过自己的努力，掌握一项技能，为别人创造很多价值的人。"他不假思索地说出来，这说明他对自己想要的东西是非常清楚的。

"要创造价值，首先你必须在感兴趣的领域不断提升自我。你觉得这几项兴趣，哪项是你的核心兴趣？"我问他。

"应该是手绘。虽然我学的是旅游管理，但是我了解过手绘。我非常喜欢做这件事，也去参加了一些培训。"他开始兴奋地说，似乎找到了一点头绪。

"你觉得会有一份工作把你大部分的兴趣都包含在内吗？"我问他。

他认真思考了很久，说："应该有。比如一些广告公司就有手绘的岗位，我甚至还可以做英文版的。另外，我还可以教别人手绘。"

"我觉得你已经有了自己的目标，可以试着去做一下。"我鼓励他。

"可是，手绘只是我的业余爱好，我不知道能不能做好，也不知道广告公司会不会要我。"他有点担心。

"有了目标后，这些都是执行方面的问题。只要手绘真的是你心中认可的目标，我相信提高手绘的能力，你应该能进入你想要去的广告公司。而且，你有英文阅读能力，有演讲的兴趣，我相信你以后会比别人做得更好！"我很看好他。

后来，他进入一家广告公司做手绘学徒。他开始将所有时间都花在手绘上。从刚开始的要靠师傅教，到后来能够独立完成，他看到了自己的进步。同时，越来越多的人看好他的作品。现在，他已经是一个能够靠教别人手绘赚钱的老师了。

再后来，他告诉我，他现在真的是将自己的兴趣都体现在工作中了。

对任何人来说，都有让自己觉得有趣的事情。有些人之所以会认为自己没有兴趣，是因为他没有将自己觉得有趣的事情培养成真正的职业兴趣，也就是热爱。

例如，你喜欢看电影，可是看电影不会成为你的职业；你喜欢玩游戏，可是玩游戏不会成为你的职业；你喜欢打篮球，可是打篮球不会成为你的职业。

如何将有趣培养成你的热爱，是每个人都应该思考的问题。其实，职业兴趣是完全可以培养的。接下来，我就给大家介绍一个职业兴趣培养模型（见图 3.4），让你能真正做自己热爱的事情。

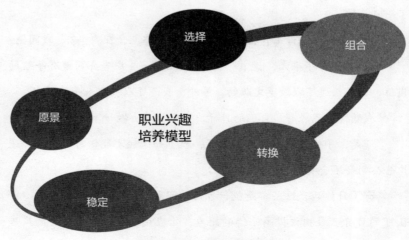

图 3.4 职业兴趣培养模型

愿景。在第一章中，我们谈到职业生涯发展的愿景系统。愿景真的很重要，它其实就是你的价值观，即在你内心中，你最看重的是什么？是金钱，还是安全？你想成为什么样的人？这些都会影响你的兴趣。

选择。了解你的愿景后，要学会盘点你的兴趣。

首先，拿出一张纸和一支笔，写下所有让你觉得有趣的事情，能写多少就写多少。

然后，选择你的兴趣。选择的标准有三个：第一，选择那些能够转化为你的能力的兴趣。例如，演讲就可以转化为能力，但是像玩游戏，对于大部分人来说，就未必能够转化为能力。第二，选择那些与职场最贴近的兴趣。生活的兴趣怡情，职场的兴趣才能兴家。第三，选择与职业核心能力符合的兴趣。例如，你想当一名程序员。程序员的核心能力是写代码，研究程序。那你就要选择与此相关的兴趣。第四，选择能够帮助你培养一技之长的兴趣。有些兴趣，只能转化成某种职业能力的组成部分。例如演讲，它只是讲师的一项能力要求。但是弹钢琴这项兴趣，却是你成为钢琴师的全部。从职业发展前景来看，如果你能够把弹钢琴这项兴趣培养好，那你作为钢琴师的职业前景肯定比只练好演讲更好。

组合。通过组合你的兴趣，来选择职业。就像我的朋友H，他所有的兴趣，其实都可以提升他的核心能力——手绘的竞争力。所以，他选择培养手绘这个职业兴趣，是可以把"手绘"这个职业能力养大的。

我的职业兴趣有很多，例如学习心理学、写作、培训、咨询等。我一直在思考，怎样才能把我的职业兴趣养大呢？通过组合我的兴趣，我把我的职业定位在培训，同时，兼顾学习心理学、写作、咨询等兴趣。这样，就可以帮助我把"培训"这个职业能力养大。这样，我就不会为了做自己喜欢的事情，而放弃其他兴趣了。

转换。确定了自己的职业兴趣后，也许由于能力不足、经验不足等原因，你还不能靠兴趣赚钱，但你可以通过学习、培训等方式，不断提升与自己的兴趣相关的能力。当你能够做好你感兴趣的事情时，就会促使它向你的热爱转变。

稳定。习惯的养成，需要时间的积累。当你不断做着自己感兴趣的事情时，你就会不断地感受到快乐。久而久之，你的兴趣就养成了，也养大了。

Part 4

有目的地训练：

如何成为一个能力很强的人？

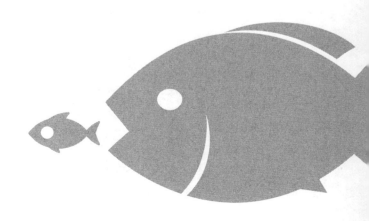

离开了平台，你是什么？

平台与个人的博弈，永远存在。

对于个人发展来说，平台和你就是一个矛盾体，既相互依赖，又相互排斥。平台可以造就你，也可以毁掉你；而你，可以造就一个平台，也可以毁掉一个平台。这是职业发展的普遍规律。

然而有些人，离开了平台，却什么都不是了。

我曾经面试过一个人，他叫大同。大同是我面试过的应聘销售助理岗位的人中年纪最大的。他今年已经35岁了。

我并没有年龄歧视，只是每每遇到年纪大的人应聘低端岗位，我的内心就有一种莫名的惆怅。也许出于职业生涯规划师的职业敏感，让我对年龄有着本能的在意。

因为35岁正是一个人压力最大的时候，上有老下有小。我遇到太多人，在这个年龄段依然做着低端的工作，拿着微薄的工资。如果在这个年龄段没有具备应有的能力，你很难生活得从容。

面对大同的情况，作为一名职业生涯规划师，我有意去了解更多。

大同是家里的独生子，大专学历。父母是家乡供电局的职工。大专毕业后，大同在父母的执意要求下，进入了事业单位，做一份收费员的工作。

虽然没有大富大贵，但总算有稳定的收入，加上在家里可以依靠父母，所以大同对未来并没有过多的考虑。

很快，在父母的帮助下，大同按揭买了房，购了车，结了婚。靠着父母的补贴，加上自己的一点微薄的工资，他也能做到收入与支出的平衡。

转眼过去了 10 年，大同已经 35 岁了。他的儿子也已有 8 岁，正在上小学。几年前，他父母双双退休，微薄的养老金也只够他们自己生活，再也无法像以前一样帮助大同。而且，他们的身体越来越差，每个月都要去一趟医院，一次就要花几百元。

父母时常对大同说："你不用管我们，我们有养老金，你管好自己的家就好了。"

大同听了，心里虽不是滋味，但面对自己的情况，他也无能为力，只能将就过着。

然而，"屋漏偏逢连夜雨"。去年 1 月，大同单位改制裁员。裁员先从不重要部门和岗位开始，大同所在的部门首当其冲。

一个月后，大同拿着单位发的裁员补偿金，离开了工作 10 年的单位。虽有不舍，但也无可奈何。

拿到的补偿金足够大同一家生活一段时间，却不是长久之计。他必须想办法尽快找到新的工作。

然而 10 年来，他在单位并没有练就过硬的能力，所以离开原单位后，他真不知道自己能够做什么。也许对于大同来说，找到一份养家糊口的工作就已经很不容易。

大同听一位表哥说，深圳机会比较多，他决定来深圳闯一闯。

他给家人留了足够的生活费，就只身一人来到了深圳。

然而，现实却给了他重重一击。

深圳遍地都是机会，却都是留给年轻人的。其实大同也很年轻，才35岁，正是一个男人精力最旺盛的时候，只是他的积累不足以支撑起他这个年龄应有的发展与追求。

大同说，他只需要一个重新开始的机会，愿意从基层做起。

然而，在人工成本飙升的今天，没有哪个企业敢贸然聘用一个没有职场经验的"职场老人"。

所以，在来深圳后的一个星期，大同求职面试屡屡碰壁。

朋友把大同的简历给了我，因为我在招聘一个销售助理。大同过往的经历，跟我要招的人还是有点相符，所以我想给他一个面试的机会。

深入地聊过之后，我发现大同还是一个有想法的人。只是过往的经历束缚了他的想法，从而养成了固化的行为模式，成了一个"长不大"的职场人。

什么是"长不大"的职场人？就是可能工作了很多年，但由于某种原因并没有相应成长起来的人。

"长不大"的职场人，也许在某个平台，能够安安稳稳地过下去。但是一旦没有了这个平台，他就会"见光死"，因为他没有在别的平台生存的能力。

在我们的身边，有着太多这样的人：

在事业单位体制内工作久了，一旦离开了那个体制，就再也找不到适合的工作。

在企业里贪图稳定，长期做着低端岗位，也许靠着平台，还可以过着安稳的生活，但是一旦企业经营不善，就面临长期失业。

错过了职业发展积累的黄金时间，就要面临被职场抛弃的命运。

拿着大同的简历，我陷入了深深的矛盾之中。我既想给他一个机会，让他重新开始，又觉得让他继续做这样的岗位，会让他越陷越深，毕竟他已经不是应届大学生了。我希望他未来能够找到奋斗一生的事业，是他喜欢的同时又擅长的，虽然这很难。

我委婉地告诉他，他不适合销售助理这个岗位，但答应给他做一次职业规划咨询，让他能够重新开始。

这几年来，我一直在研究：到底由哪些因素决定一个人的发展？平台是其中一个很重要的因素。但对不同的人来说，平台的作用却有着天壤之别。对有些人来说，平台成就了他们；对有些人来说，平台却毁了他们。

1998 年，青年导师李开复加盟微软，还在中国创建并领导微软中国研究院。2000 年，他担任微软全球副总裁。2005 年 7 月 19 日，李开复出任谷歌全球副总裁和大中华区总裁。2009 年 9 月 7 日，李开复创办创新工场，以实现一种新的天使投资和创新产品的整合。

在微软和谷歌任职的经历，为李开复带来了巨大的荣誉，让其事业走上了巅峰。离开这两个平台之后，李开复依然延续了他的事业巅峰。之后，他出版了自己的书籍，成了畅销书作家；创办了创新工场，成了中国内地青年喜爱的人生导师。

对于李开复来说，微软和谷歌这两个平台成就了他辉煌的一生。

然而，对有些人来说，平台却成了他们职业发展的绊脚石。

我曾参加过一个创业论坛。在这个论坛里，我遇到了一位 40 多岁的男士。他穿着西装，皮鞋锃亮，发型齐整，俨然一位"成功人士"。

我跟他聊了起来。越聊话题就越多。

我发现，原来他曾经在我这个行业的领头羊企业工作过，而且职位已升到了营销副总经理。然而，随着职位的晋升，他内心也越来越浮躁了，认为公司能够获得这么大的发展，全都是因为他。所以，他开始变得不可理喻，动不动就对下属出口大骂。就连老板批评他，他也要顶上几句。

直到有一天，老板狠狠地对他说："离开了这个平台，你就什么都不是。"

这句话让他深受刺激。他决定离开公司，去创办属于自己的事业，证明给老板看。

离开公司后，他创办了自己的企业，却迟迟拓展不开业务。很多客户嫌弃他的公司小，质量信不过，不敢和他合作。

一年之后，他的公司倒闭了。之后，他去了一家同行业较小的企业上班，业绩却一般般。

原来，他过往辉煌的成绩是建立在强大的企业品牌上的。以前，他做销售，并不需要推销，客户看在公司大品牌的分上也会买。所以，就算他能力一般，销售业绩也很好。这就是平台的作用。一旦离开了大平台，个人能力就显得尤为重要了。

我终于明白了平台与个人之间的关系。也许平台可以造就你，但平台无法陪伴你一生。随着社会的不断发展，现在已经很少有人会在一个企业做一辈子了。

如果遇到了大平台，你应该感到幸运，因为你有了很好的起点。不过，千万不要自以为是，因为也许你所获得的成绩，都是平台带给你的，跟你的关系并不大。

要走出平台之困，避免离开平台之后被职场抛弃，唯有回归自己，不断提升自身能力，才是解决之道。

如果你身在大平台，那么请想想这些年来，你是否为自己积累了足够的能力，让你能够大声地说："就算离开了平台，我依然可以创造自己想要的生活。"

这才是一个处在自由市场经济环境中的年轻人应有的自信。

职业规划有效的捷径，是做能力规划

时常有学员抛给我一个问题：如何做好自己的职业规划？

每当听到这个问题，我的第一反应是：这个问题太广，很难通过三言两语说清楚。

职业规划是一个系统工程，它需要通盘考虑一个人所有的因素，例如价值观、兴趣、能力等。

面对一个职业，如果你的价值观、兴趣、能力（擅长）都与之相符合的话，那么我们就可以称之为"职业蜜罐区"。这种职业就是你最理想的职业。你认可它，喜欢它的工作内容，你能够把它做好，所以，你的成长速度肯定也会比别人快。

这本书前面的章节，就是围绕下面的"职业定位模型"（见图 4.1）来展开的。

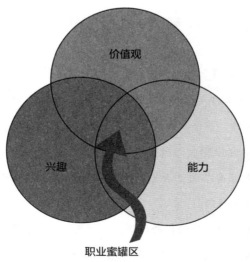

图 4.1　职业定位模型

对于大多数人来说，职业规划太难，考虑因素太多，是否有捷径呢？

我先讲一个故事。

我的一位学员是做人力资源工作的。在此之前，她在一家外企做跟单，做了将近 3 年。

单一重复的工作内容、出错被罚款的压力、长时间的加班，加上工资与付出的严重不匹配，让她恨不得马上辞掉这份工作。

可是，如果辞掉这份工作，她又不知道自己能做什么。

从毕业到现在，她就一直待在这个行业，从事这份职业，没有任何其他工作经验，其工作能力也局限在跟单上。

在她看来，跳槽转行成功的概率几乎为零。

一方面不想再做跟单，一方面不知道自己的路该往哪个方向走，她陷入了职业发展的泥潭。

后来，她找到了我，希望我能够给她一点建议。

我看了她的简历，发现她曾经在大学的时候，有过一段人力资源管理的实习经历。

我问她："你选择一份工作，最看重的因素是什么？"

"我希望这份工作是有发展空间的，而且不要经常加班。我希望能够通过能力的提升，获得职业的发展。"她说。

我了解跟单这份职业，确实很难提供她想要的东西。所以，我也赞同她转行，而且要尽快。否则，随着时间的推移，她转行的成本会越来越大。她表示赞同。

接下来，她面临怎样转行的问题。我问她目前是否有意向的职业。

她说有，像人力资源管理就是她想从事的职业，只是她没有相关工作经验，不敢贸然跳槽。

我建议她利用几个月的时间，去系统学习一些人力资源管理的理论知识，考个三级人力资源管理师的证书。

她马上去做了。再后来，我又教她一些人力资源工作上的实操技能。她学习能力很强，不到一个月，就具备了人力资源管理的基础能力。

我把她推荐给了一家企业，由于是助理岗位，她很顺利地通过了面试。

我给她做好了人力资源管理所需能力的提升规划。按照这个规划，如果完全具备其中提到的能力，不用两年，她就能够成为在人力资源管理领域独当一面的人。

她很珍惜这个机会。她一边努力工作，一边参加培训以提高自己的专业能力。

功夫不负有心人。两年后，他们公司出现了主管岗位的空缺，她直接从助理岗位提升到了主管岗位。

当你的能力足够支撑起你的梦想时，你的梦想便自然而然地实现了。

后来，她再次跟我联系，感谢我对她的帮助。

我问她："回想当初，你的感想是什么？"

她感慨地说："其实当初我很迷茫，因为自己的能力不足。当时，如果能够做好能力规划，花点时间去提升能力，也许我会更快走出迷茫！"

"那你现在觉得人力资源管理是适合你的职业吗？"我问她。

"我现在挺喜欢这份工作的，因为它满足了我内心的一些需求。而且，我现在能够把这份工作做好，得到了领导的认可，我想我以后还会坚持做下去。"她开心地说。

是啊，经过两年的投入，她已经在人力资源管理方面很擅长，而且也做出成绩了。当她的领导天天表扬她的工作做得好的时候，我相信她会非常喜欢这份工作的。

原来，职业规划最有效的捷径是做好能力规划。

在我看来，职业发展最重要的因素就是能力（擅长），也就是我们能够比别人更好、更快地做一件事。因为职业发展看的是结果，而不是看你对这个职业多有兴趣。当然，有兴趣也是可以促进结果达成的，但没有能力那么直接。

当你不知道自己的兴趣、价值观是什么的时候，那就做好能力规划。

我毕业之后，就知道未来无论我从事什么工作，都需要沟通能力、人际交往能力、时间管理能力、写作能力等。我只确定我喜欢做跟人打交道的工作，人力资源管理工作也符合我的价值观，所以只需全身心地提升自己的能力就可以了。

我在2007年开始接触演讲与口才培训，因为我知道演讲能力是我在任何一个阶段都一定会用到的，所以我要提升它。后来，我又学习了时间管理、心理学，考了人力资源管理资格证，学习职业生涯规划。

这些能力的习得，拓宽了我的职业发展之路。

其实，任何一种职业所需的能力，除了一小部分专业能力是该职业独一无二的之外，其他的大部分能力都是很多职业共通的，例如沟通能力、计划能力、时间管理能力等。这种共通的能力，我们称为"可迁移能力"。

当你觉得自己毫无选择的时候，那就做好你的"可迁移能力"规划，并花时间去提升它们吧！当你具备这些能力的时候，你会发现你的选择越来越多了。

一个朋友经常跟我提起，她很担心自己某天被公司炒掉。这样，她就失业了。

我告诉她，我从来不怕，因为我随时可以转换我的职业。她很佩服我的淡定。其实我并没有什么特别之处，只是多了一些别人没有的可迁移能力而已。例如，在我30岁的时候，如果我不做人力资源管理师了，我就去做讲师；如果哪天我不想做讲师了，我还可以成为一名专职作家。

职业的安全感永远掌握在你的手里，只是需要你努力付出！如果不想被职场踢出局，那就多做能力规划吧！

成长突破点：如何找到你的能力强弱项？

一次，有一个在校大学生来我的公司面试销售助理实习岗位。

看着她的简历，跟她寒暄了几分钟后，我大概了解了她的情况。

她学习成绩还不错，在系里排名前5%。拿过国家奖学金和学校奖学金一等奖。但唯一的不足是，在校期间，她没有参加过一次校外实践。

"为什么没有参加过一次校外实践呢？"针对她简历上存在的问题，我想弄清楚原因。

"主要是平时学业太忙，我又选修了英语专业，所以没有时间。"她确实是双专业。

"那你可以谈谈，如果应聘销售助理实习岗位，你有什么特别强的能力吗？"我直奔面试主题。

她抬头看着我，不好意思地说："我也不知道自己有什么能力，学习能力强算吗？"

"哈哈，也算吧！只是学习能力还不足以让你胜任这份工作。"我很直接地指出来，希望可以对她有帮助。

"对我来说，我并不知道做好一份工作需要哪些能力。大学期间，我只知道学习，没有有意识地去提升自己的能力，错失了成长的机会。"她似乎在为自己的过往感到惋惜。

其实不仅仅是大学生，对很多工作多年的人来说，也不知道自己的能力有哪些，哪些能力强，哪些能力弱，以及到底应该提升哪些能力，才对自己的职业发展有帮助。

值得庆幸的是，她才20岁出头，还有很长时间让她继续成长。

然而，对很多人来说，年轻也许是资本，但一旦错失提升能力的机会，也许就错失了职业生涯成长最好的阶段，浪费大好青春。

就像一粒种子，它需要在潮湿的土下，吸收足够多的养分，才足以让它冲破土层，快速成长。对于种子来说，水分、温度、氧气是它萌芽的条件，但它如果要成长，还需要相应的养分。所以，我们必须弄清楚种子需要哪些养分，哪些养分需要增多，哪些养分需要减少，才能让它健康成长。

人的成长也一样。我们不但要了解自身具有哪些能力，还要知道哪些能力强，哪些能力弱，才能做到有针对性地提升能力。

能力的分类

按后天是否可以培养来分类，能力可以分为天赋和技能两大类。

天赋是无法改变的，在我的第一本书《在最能吃苦的年纪，遇见拼命努力的自己》里，我曾经阐述过天赋的内容。对于某些职业来说，需要具备一定的天赋，才能让你成为该领域卓越的人，例如运动员。假如没有游泳天赋，那么你就很难成为世界级的游泳冠军。

技能是后天可以培养的。技能分为3种，分别是通用技能（可迁移技能）、专业技能和自我管理技能（见表4.1）。

表 4.1 技能的分类

技能分类	定义	技能内容
通用技能	人们进行各种活动所需的基本能力	按照处理资料、与人打交道、处理事物3种标准，通用技能包括以下内容： **处理资料能力**：凡是能从观察、研究和解释中获得事实、资讯和观念等的能力。处理资料通常需要7种能力：综合能力、统计整合能力、分析能力、收集能力、计算能力、处理能力、比较能力 **与人打交道能力**：与人相处、共事的能力。包括：顾问能力、磋商能力、教导能力、督导能力、娱乐能力、说服能力、说明能力、遵从教导能力 **处理事物能力**：操作机械、设备、工具或产品的能力。事物是看得见的，有形状、大小或其他物理特征。例如：建构能力、精密工作能力、操作与控制能力、发动与操作能力、操纵能力、接触处理能力等

续表

技能分类	定义	技能内容
专业技能	顺利完成某种专业活动所必备的能力	音乐能力、绘画能力、数学能力、运动能力、设计能力、外语交流能力等
自我管理技能	经常被看作人格特征或个人品质，说明或描述一个人的某些特征	自我管理能力有11种：自我反省管理能力、自我学习管理能力、自我行为管理能力、自我情绪管理能力、自我目标管理能力、自我时间管理能力、自我角色认知能力、自我激励管理能力、自我形象管理能力、自我心智管理能力、自我心态管理能力

快速找到你的能力强弱项

了解了能力的种类，那么，如何找到自己能力的强弱项呢？可以通过以下两种方法来实现：

第一种方法：通过行为来了解能力强弱。

不管是在校学习还是已经毕业工作，我们都会参加很多活动。完成每一项活动，必须运用不同的能力。能力成了我们做事的根本。

当我们说一个人某项能力强的时候，会存在以下特征：

第一，受到的赞美最多。 当我们的沟通能力很强的时候，我们就可以听到这样的赞美：你口才真好！回想一下，你做什么事时，受到的赞美最多？这就是你最强的能力。

第二，一个人的激情所在。 你的激情体现在哪些方面？有什么东西特别使你内心激动、非常向往？一定有的，仔细想想。

第三，最有成就感。 最有成就感之事，往往是你做得最好之事。要把事情做得最好，需要你发挥最强的能力。回想一下，在过往的经历中，有没有让你觉得最有成就感的事情。如果有，把它详细地写出来。再想想在完成这些事情的过程中，你使用了什么能力，让你能够把这些事情做好，一一列出来吧！

第二种方法：通过能力鉴别系统来识别能力强弱。

一个人的能力强弱，可以从两个维度进行判断，一是使用倾向性，二是熟练程度。

第一，使用倾向性。 按照使用的倾向性，可以将能力分为愿意使用，简称"趋向"；不愿意使用，简称"背离"。

第二，熟练程度。 按照能力熟练程度，可以将人的能力分为"熟练"和"生疏"。

以使用倾向性作为纵坐标（趋向、背离），以熟练程度作为横坐标（熟练、生疏），就形成了能力鉴别系统。如图 4.2 所示：

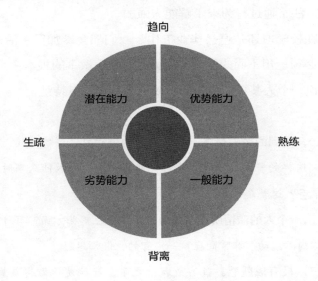

图 4.2　能力鉴别系统

右上角： 趋向＋熟练，是优势能力。一项能力，如果你非常愿意用，而且非常熟练，那它就是你的优势能力。

左上角：趋向＋生疏，是潜在能力。一个人的潜能是无限的，只要你用心，你的潜在能力就会被挖掘出来。还在上大学的时候，我的口头表达能力很生疏，但我内心非常愿意使用它，这样我就有动力去提升这项能力。这也给我的能力训练指明了方向。我花了几年的时间，让口头表达从生疏到熟练。当然，能力训练需要跟你的梦想联系在一起，这样才有针对性。关于这一点，我会在之后的章节介绍。

左下角：背离＋生疏，是劣势能力。一项能力，你既不想用它，又不熟练，对你来说，就是劣势能力，建议你不要再花时间去训练它了。

右下角：背离＋熟练，是一般能力。这类型能力的出现，一般是因为一个人选择了错误的职业方向。例如一个人大学毕业后，迫于生存压力选择了研发工作，但其实他内心对研发工作毫无兴趣，而是想做销售。对他来说，研发能力就是一般能力。一般能力没有深入发展的空间。

当我们找到自己的能力强弱项，就应该把大部分时间都花在优势能力和潜在能力的开发上。只有这样，才能真正让我们成为强者！

真正的"大牛"，都善于有目的地训练自己

真正能够练就一项很厉害的能力，成为"大牛"的人，都善于有目的地训练自己。

一个做会计的朋友告诉我，他越来越迷茫了。

我有点诧异，因为在我的眼里，他是一个很上进、很努力的人。他每天都很积极，报了很多学习班，考了很多证，学了很多知识和才艺。

"我就是越学越迷茫了。"他说。从大学毕业到现在，他考了十几个证，有会计从业资格证，有初级会计师证，有三级人力资源管理师证，有保险从业资格证，有证券从业资格证……

他认为，多考证，掌握更多的知识技能，就可以在职业发展中更加顺利，可以让自己有更多的选择。可是当投入越来越多的时间去学习各种知识的时候，他发现还有更多的知识等着他去学。然而，知识是学不完的。他就好像一般迷失在知识海洋里的船，没有了方向。

我问他，是否学过的很多知识、考过的证都没有用上？他说是的。

我终于明白他为什么会有这样的感慨了。

知识的学习，能力的提升，都是需要大量的时间投入的。你投入那么多时间，肯定是希望有个好结果，这个好结果可能是生活上的滋润、工作上的晋升……但当你学的这些知识都没有用武之地时，也就没有了结果。

很多时候，训练一项能力，需要跟你的梦想绑定在一起，才能做到事半功倍。

想想你将要做的事情，以及现在所做的工作，最急需的能力是什么？你是否已经具备了这些能力？

很多人都会说不知道以后该做什么。如果是这样，那就做好目前的工作，有针对性地去提升目前工作所需要的技能。当你能够学以致用，"英雄有用武之地"时，慢慢地你就能够做出成绩了；有了成绩之后，你就会获得成就感；有了成就感后，你就会爱上这份工作，你也会在工作中熟练运用这项能力，最终成为一个很厉害的人。

从你最急需的能力开始，有目的地去训练，才是能力提升的正道。

我的口才培训班有一个学员，跟着我学口才已经有一年多了。

有一天，他找到我说："刘老师，我觉得我很努力了，可是，我发现我的口才还是一般般。"

我问他："你练习口才的频率怎么样？"

他答道："口才是我的工作所需，所以我花了很多时间去训练，每天都会花两个小时的时间吧！"

我问他："那你觉得自己真正学到的东西有多少呢？"

我这句话把他给问倒了。

他不好意思地说："我好像没有学到什么东西。"

我问他："那你觉得是什么原因呢？"

他答道："可能是因为我学得不够用心吧。其实，你教的东西，我似懂非懂。但是看到别人那么努力，我也要非常努力才行。花了两个小时去训练，但真正变成自己的东西少之又少。"

说完了这些，他似乎意识到自己的问题所在了。

是啊，我们仿佛学了很多东西，花了不少时间去提升，却发现所有东西都只是学了表面，没有一样是深入的。

我们到图书馆，去书柜找了很多书，恨不得把所有书都搬到桌子上，恨不得马上就看完所有书，恨不得马上就吸收所有知识。

于是，每一本书都只是翻着看。书一本本翻完了，到傍晚离开图书馆时却发现，桌上的书虽然都看完了，装进脑子里的知识却没有。

所有的东西，如果你只是停在表面，那你和它的关系最多就是一面之缘。就像遇到一个漂亮的女孩子，在你没有了解她的内心之前，她是不会为你所拥有的。

时间花了，知识也溜走了，你说你花了很多时间看了很多书，有用吗？

撒网式的提升，最终捕到的都是能力的小鱼；能力的大鱼是需要你在选定一个职业目标后，用时间编织大网才能捕捉到的。

你看似很努力，其实一点东西都没有学到。

　　真正有效的能力训练，不仅仅要横向涉猎，更重要的是要纵深式学习。我们90%以上的时间都应该花在纵深式学习上，而很多人却恰恰相反。

　　当你花了很多时间去努力提升自己，却发现自己并没有成为一个很厉害的人，那你应该问问自己：你的学习与提升是否有足够的目的性？

　　只有在一个方向上钻研，你才能成为所在专业的佼佼者。

　　我很喜欢看丁俊晖打台球，不是因为他的台球技术有多厉害，而是因为他对台球事业的专注让我触动。

　　丁俊晖8岁半开始接触台球，13岁获得亚洲邀请赛季军，从此被称为"神童""天才"。

　　上学期间，由于参赛影响了丁俊晖的课程学习，老师跟他妈妈投诉说："你儿子整天不来上课，不务正业，我希望他直接退学。"

　　此时的丁俊晖也觉得自己需要完全投入到自己的理想——自己所热爱的这项运动当中去，不应该同时做这么多事而分散自己的注意力。于是，他对父亲说，他不想再上学，想彻底投入台球这项事业中去。他觉得是时候放弃上学了。

　　父亲对丁俊晖比较严格，不苟言笑，永远板着个脸。面对儿子认真的决定，父亲沉默了很久。

　　他终于开口，问丁俊晖："你确定你要选择这条路并走下去吗？"

　　丁俊晖说："是的！"

　　之后，他们再也没说什么，就这样结束了这场很简单的对话。

　　第二天早上，父亲什么也没说，就把丁俊晖直接拉到球房里。于是，丁俊晖全身心开始了自己热爱的台球事业。

　　从此，父亲对丁俊晖更加严格了，盯着他打每一个球，不允许他有任何一个错误。有一点点打得不对的地方，父亲就让他纠正。那几年，他的训练时间每天都在12个小时以上，除了吃饭睡觉就是训练。

丁俊晖的童年记忆完全停留在台球上，没有过过普通小朋友的童年生活。

但丁俊晖并不觉得辛苦。后来，他回忆说："那时，只要每天能够给我一张桌子、一根杆和一副球，我就能很快乐、很投入地去练球。"

那段长时间的训练对丁俊晖后来的发展非常重要，因为要成为世界级的台球高手，练习基本功是最关键的。通过有目的的练习，他的基础才能打得更扎实一些。

当你的方向正确的时候，你需要在这个方向上付出常人不能付出的汗水，通过努力训练，才能真正成为这个领域的"天才"。

丁俊晖从不认为自己是神童、天才。他认为自己所有的成就，都是通过努力得来的，而绝不是一生下来就是天才。

他觉得要在天赋、兴趣的基础上，有目的地努力，成为"努力的天才"，因为世界上没有不努力的天才。

成为真正的"大牛"，需要你考虑自己所选的方向是否正确，你是否能够坚定地对自己说"这就是我这辈子要做的事情"？确定了方向，就不断地努力付出。

职业成功的条件之一是聚焦。没有人能够在短时间内成为专家。要吃透一个行业，成为这个行业的专家，至少需要 7 年的时间。

有目的地训练，需要你的坚持。

很多人也许有着很远大的目标，却缺乏像丁俊晖一样的投入。他们在能力的训练上左顾右盼，几年下来，都没有练就一项厉害的本事。最终，青春没有了，事业的基础也没有打下来。于是，职业危机出现了。慢慢地，就被职场淘汰出局了。

不管你现在能力是出众还是一般，从今天开始，有目的地打磨自己的一项能力，这对未来打造自己的核心竞争力也许会有很大的帮助。

如何正确地养大你的能力

我曾经不知道如何去养大一项能力，直到我遇到了一位大学老师。

这位大学老师34岁就当上了副教授，算得上年轻有为。

有一次，他在深圳清华大学研究生院开了一场讲座，邀约我过去旁听。

那场讲座，听者众多。他在台上讲得幽默风趣，肢体动作丰富，博得阵阵掌声。

课后，我请他吃饭。

我对他说："听您讲课真是享受，授课技巧很好，案例非常丰富，让我受益匪浅！"

他听我这么一说，就哈哈大笑起来，说："还好还好，不足称赞！"

他很谦虚，可能是当老师的原因。接着，他开始跟我聊起了他的经历。

"我以前讲课水平很差的，你信不信？"他问我。

我摇摇头，说："不相信。您应该是天生就很会讲话的人！"

"非也！"他笑着说，"我28岁博士毕业，之后留校任教。后来，学校送我出国留学了两年。那时，我最强的能力是科研，而不是授课。记得刚当老师的第一年，我完全无法将一门课讲好，导致学生满意度很低，校领导经常收到他们的投诉。后来校长找到我，对我说：'我知道你最强的能力是科研，我们学校也需要像你这种科研型的老师。但你也要适当花点时间提升一下你的授课能力，不要让这项能力短板成了你事业发展的障碍！'"

"看来校长很器重你啊！"我认真听着，给了他回应。

"是啊！自从校长跟我谈了一次话之后，我就想，也许我可以靠科研在学校暂时站稳脚跟，但我的主业是授课，如果我的授课能力不行，我肯定做不长久，职业发展也不会顺利！"

"后来你是怎么做的？"我问他。

"我慢慢地纠正以前只埋头干科研、不管其他的观念，把花在科研上的时间，挤出一点来提升自己的授课能力。终于，功夫不负有心人，通过努力，才有了今天的我。"他说。

听了他这番话，我深有感触。

有人说，木桶原理已经落后了，一个人只需要关注自己的优势能力，不需要过多关注劣势能力。而这种想法恰恰限制了一个人的发展。

木桶原理是由美国管理学家彼得提出的，是讲一个水桶能装多少水取决于最短的那块木板。现多引申为：一个人的发展空间有多大，往往取决于他的短板有多长（如图4.3）。如图所示，你的整体实力有多强，决定于你最短的短板——能力1。

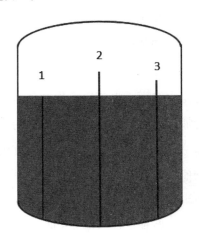

图4.3　个人发展空间的大小取决于其短板

如果你的每项能力都弱，那你的整体实力肯定弱，如下图4.4所示。

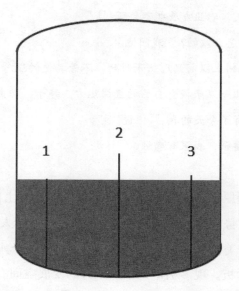

图 4.4　单项能力都弱，则整体实力肯定弱

　　虽然一个人不能只关注自己的长处，但木桶原理也有两个不足：第一，它忽略了人的能力是可以变化的，不同能力的组合可以产生不同的实力；第二，它忽略了短板能力与使命的关联是否紧密。如果短板能力对实现你的使命影响不大，那无论它多短，也不影响你的整体实力。

　　比如，一个数学老师，无论他的英语有多差，对他的影响也几乎为 0，除非他是用英语教学；一个几乎没有机会接触演讲的技术工，如果不擅长演讲，相信也不会影响他的职业发展。

　　所以，与最长的木板越接近的木板越长，桶中的水装得越多。这一点可以通过不同木板的组合来做到，如下图 4.5 所示。

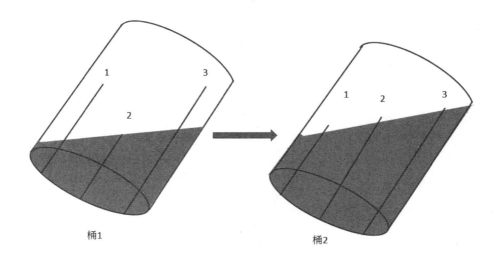

图 4.5　与最长的木板越接近的木板越长，桶中的水装得越多

从上图你会发现，假如能力 3 是你使命中最擅长的能力，那么，离能力 3 越远，说明这项能力对你的影响越小；越近，则影响越大。也就是说，能力 2 越短，你的整体实力会越小；能力 2 越长，则你的整体实力也在不断增大。另外，在一定条件下，能力 1 无论多长，对你的整体实力几乎没有影响。

比如，我的使命是培训师，最擅长的能力是写作（能力 3），假如我的英语能力也很厉害（能力 1），但是我的演讲能力很差（能力 2），那我也无法成为一个厉害的培训师。**所以，不能无视跟你的使命紧密相关的短板。**

综上所述，正确养大你的一项能力，需要考虑你的使命及所需能力。在这里，给大家介绍一个正确养大能力的"进阶四象限模型"。

在图 4.6 中，优势能力就是我们的长板，劣势能力是我们的短板，使命是我们热爱的事情，干扰则是我们不热爱的事情。以优势能力和劣势能力为纵坐标，以使命和干扰为横坐标，就形成能力进阶四象限模型。

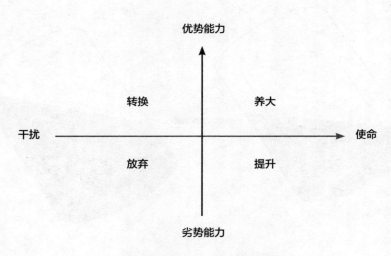

图 4.6　能力进阶四象限模型

使命＋优势能力。这种能力你可以养大。就像我们上面提到的能力 3，我们可以付出大量的时间，去养大这项能力。上文提到，能力的练习，需要刻意。刻意的本质就是有目的性。对于跟我们的使命紧密相连、能够帮助我们实现使命的能力，要花时间去刻意地练习，让长板变得更长。各位读者，如果你要养大一种能力，一定要让你的优势和使命结合在一起。当你的优势和人生使命结合在一起的时候，你才能够养大一种能力。不妨举个例子：郭晶晶，中国跳水运动员，7 岁的时候开始练习跳水。郭晶晶是有身体运动天赋的，所以当她选择了跳水这个职业的时候，她很快就成功了。但如果她选择了做游泳运动员，那她可能会把跳水这种能力磨平；如果她选择做游泳教练，那她就浪费了跳水这种能力；如果她既不选择跟运动有关的、又不选择跟她的天赋优势有关的职业，她很可能就会变得平庸。

使命＋劣势能力。这种能力你必须去提升。因为如果不提升，它会严重制约你的职业发展。就像上面所说的能力 2，它很可能会制约你的职业发展，所以很有必要花时间去提升它，直至它对你的职业发展不再产生限制。

干扰 + 优势能力。这种能力你需要转换或者放弃训练。你要么转换事业方向做你喜欢做的事情，要么转换能力，把另一种能力训练成你的优势能力。

干扰 + 劣势能力。这种能力你必须放弃训练。因为把精力放在这种能力训练上，会浪费你的时间。我上初中的时候，曾经很流行弹吉他，所以我也买了一把吉他，心想只要我一直努力，一定可以成为弹吉他高手。结果，我辛苦练了两年，水平却一般般。后来，我想明白了，弹吉他不是我的优势，唱歌也不适合我，所以我放弃了。

所以，在你努力之前，一定要先选好方向再出发，而且一定要了解自己的天赋和优势在哪里。这样，你的努力才会更有成效，进步也会更快。

如何快速成为一个领域的专家

很多朋友问过我这样一个问题：你的头衔是首席职业生涯规划师、资深演讲口才教练、人力资源管理师，每一个都是专家级别，你是如何做到的？

我开玩笑跟他们说："因为我是天才！哈哈！"

其实，熟悉我的人都知道我是在开玩笑。这个世界哪有什么天才？都是一步一个脚印努力的结果。了解我经历的人，都知道这些头衔对我来说，没有哪一个不饱含汗水。

8 年前，我对职业生涯规划一窍不通；8 年后，我写了两本关于职业生涯规划的励志图书。对每一本，读者的评价都是：字字珠玑，让人醍醐灌顶。

10 年前，我还是一个演讲的菜鸟；10 年后，我成了具有讲师水平的演讲者，出了一本关于职场沟通的书。

10 年前，我对人力资源管理六大模块没有概念；10 年后，我已成了精通这六大模块的集团公司人力资源负责人。

我曾经对出版社的编辑开玩笑说："对这3个领域，我都可以出一本非常棒的书！"编辑点头称是。

总之，能够成为某个领域的专家，必须在你感兴趣的领域，刻意而系统地构建这个领域的知识理论体系，然后逐一击破、提升、创新。当然，这个过程会非常艰辛。今天，我把自己的一些经历跟大家分享，希望对大家有帮助。

选定一个适合你的领域

我的第一份工作，是人力资源管理。在10年前，大部分人对人力资源管理的认识还停留在人事管理阶段。

记得刚毕业后的两年，亲戚问我是做什么工作的，我说是做人力资源管理的，他们都很不理解。但当我说是做人事的时候，他们马上就说："哦，是做后勤的！这个职业女孩子做更适合啊！比较稳定！"

因为别人对这个职业的偏见，加上工资低得可怜，我曾经想过转行。但后来想想，其实在欧美发达国家，人力资源部是一家企业最重要的部门之一。我相信以后在中国，人力资源部也会成为一家企业重要的部门。

感兴趣、符合我的价值观、擅长，是我不顾别人说这份职业工资低、适合女孩子做，而坚持下来的根本原因。

有时，人需要一点纯粹的职业信仰。我相信通过这份职业，可以获得我想要的东西。这种职业信仰让我坚定。

选定一个适合你的领域，是让你成为专家的第一步。

构建这个领域系统的知识结构

如果你已经工作5年以上，那么请回想一下你的成长历程，当你感觉越来越强大的时候，是不是你越来越全面地掌握系统知识的时候？

如果你工作还不到 5 年，或者你的知识只是停留在某一点上，那说明你离专家的距离还很远。

任何一位在某个领域的专家，都是这个领域系统知识的精进者或者创造者。

当我们谈某个人是某个领域的专家的时候，我们谈的就是他在这个领域对系统知识的掌握和运用程度。运用得越熟练，说明他越专业，越权威。

我刚从事人力资源管理工作的时候，只知道人力资源管理的一些概念，甚至只略懂招聘的知识，其他模块的知识一概不知。这样的我，难以解决更大更复杂的工作问题。这样的状态持续了两年。我告诉自己，一定要更加系统地掌握人力资源管理领域的知识。

当你的知识从点到线再到面，你才走到了成为专家的第二步。表 4.2 是一个人从小白到专家的职业发展通道。

表 4.2　专业技术职业发展通道

等级	释义
助理	掌握本专业的一些基本知识或单一领域的某些知识点；在适当指导下能够完成单项或局部的业务
中级	具有本专业的知识、技能，了解其他领域的相关知识，已经在工作中多次得以实践；在适当指导下，能够完成多项或复杂的业务，在例行情况下能够独立运作
高级	具有本专业某一领域全面的、良好的知识和技能，熟悉其他领域的相关知识；在某一方面是精通的，能够独立、成功、熟练地完成本领域一个子系统的工作任务，并能有效指导他人工作
首席级	具有高级任职资格，或精通本专业某一领域的知识和技能，掌握其他领域的知识；能够指导本领域内的一个子系统有效地运行，对于本子系统内复杂的、重大的问题，能够通过改革现有的程序／方法来解决，熟悉其他子系统运作
专家级	精通本专业多个领域的知识和技能，能够准确把握本领域的发展趋势，指导整个体系的有效运作；能够指导解决本领域内的重大、复杂的问题

如果你不知道自己的职业目标是什么，可以对照上表，了解你现在到底处在哪个阶段，然后看看你与专家的差距。这段距离，就是你成长的空间。

找到了职业成长的目标，接下来我们谈谈如何构建系统的知识体系。在这里，我介绍一个方法给大家：思维导图法。

通过网上搜索、专业书籍、培训等方式，将你需要学习的专业知识全部记录在本子上，然后进行结构化的梳理。比如，图 4.7 是我关于人力资源管理知识的一个简单的梳理，由于篇幅的原因，我只简单地罗列了人力资源六大模块的重点知识。

成为人力资源管理专家，必须全面掌握这些知识，并且能够熟练地运用。

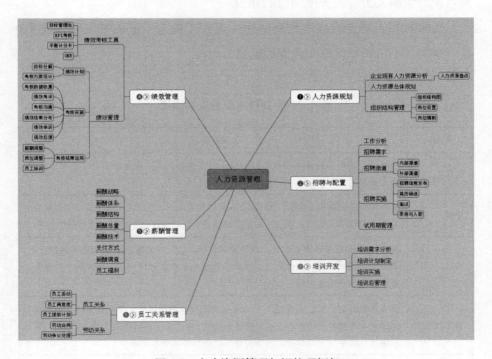

图 4.7　人力资源管理知识梳理框架

有了目标，接下来，只要脚踏实地地去学习，到达成功的彼岸就只是时间的问题。

模仿这个领域的牛人

如果你不知道自己做什么能够成功，那你就找一个你感兴趣的领域，然后专注于这个领域。只要你脑子够灵活，方法得当，就一定可以取得成就。

要成为这个领域的专家，我觉得最有效的方法，就是模仿这个领域的牛人。每一个专业领域，都有牛人。

> 台湾著名主持人欧汉声，人称"欧弟"，就是靠模仿起家的。1996年参加"四大天王模仿大赛"后，他正式踏进娱乐圈，因其先后成功模仿刘德华、张学友、郭富城、张宇等天王巨星而名声大噪。

任何一个人的成功，都有其卓越的、可复制的行为，模仿他的行为，可以让你少走很多弯路。

但是有一点要特别强调的是，这个世界上没有两个完全一样的人，我们模仿任何一个人，不应完全复制，而应取其精华，学习其背后成功的逻辑，同时，要保持我们独特的个性与创新，才能真正成功。

大量的行动

有了目标和方法，接下来就是行动。没有行动就没有结果。优秀的人，有了目标，从来都会采取大量的行动。

> 当世界足球明星C罗还是一名青年球员的时候，人们对他说，你是一个很有天赋的球员，但是你太瘦了。这句话，曾刺痛了他的心。从那个时候起，他就下决心要变得更加强壮。于是，他在健身房里下了很多的功夫。最疯狂的时候，他一天要做6小时的健身运动，例如

做3000个仰卧起坐。就是这样的付出，让他的身体和竞技状态达到了顶峰。他的队友对他的评价是：C罗为成功近乎变态。这种变态，是他的疯狂付出。所以我们现在才能看到绿茵场上，那风驰电掣的C罗；进球后，那脱衣秀肌肉的C罗。

如果你想做成一件事，试着把自己的时间填满。不要让自己的时间浪费掉，要让自己在某段时间，大量地做着跟这件事有关的事。坚持一段时间，相信你会看到更好的自己！

学会分享

美国学者、著名的学习专家爱德加·戴尔，1946年首先提出"学习金字塔理论"（见图4.8）。他用金字塔模型的形式形象地显示了采用不同的学习方式，效果会完全不同。

图4.8　学习金字塔

学习金字塔指出：

第一种学习方式"听讲"，也就是老师在上面说，学生在下面听，这种我们最熟悉最常用的方式，学习效果却是最低的，两周以后可以记住的内容只有 5%。

第二种，通过"阅读"方式学到的内容，两周后可以保留 10%。

第三种，用"声音""图片"的方式学习，两周后可以保留 20%。

第四种，是"示范"，采用这种学习方式，两周后可以记住 30%。

第五种，"小组讨论"，两周后可以记住 50% 的内容。

第六种，"做中学"或"实际演练"，两周后可以保留 75%。

最后一种在金字塔基座位置的学习方式，是"教别人"或者"马上应用"，可以记住 90% 的学习内容。

由此可见，要有效提升自己的能力，最好的方法就是分享。

现在互联网非常发达，分享的渠道非常多。微信公众号、QQ 群、博客、微博、论坛等，都是你分享自己真知灼见的渠道。

大量地分享，是你成为该领域专家的不二法门。

给自己一个成为专家或牛人的梦想，然后朝着这个梦想努力奋斗。这是你让自己在这个世界上走得更加从容的最好方法。

关于如何找到你的出路的建议清单

有学员写邮件给我，希望我可以给他一些建议。

他已工作 7 年，这 7 年来，都在一家事业单位工作。

刚开始的时候，他贪恋这家单位福利好、够稳定。虽然他的工资不够高，但也够家庭开销。

然而，随着时间的推移，他慢慢发现自己变得越来越闲，工作起来越来越没有成就感。每天的工作内容都是一样的，没有挑战性。

同事之间也互不关心，钩心斗角。他每天上班都是默默地打开电脑开始工作，下班之后就准时回家。

在职业发展方面，他一眼就看到了自己职业生涯的尽头。单位升职靠的是论资排辈，他没有任何升迁的可能。

他告诉我，他想跳出来，去别的公司看看。可是让他害怕的是，这么多年来，在这家事业单位里，他早已习惯了这样的工作节奏。由于工作内容过于简单，他的能力一直得不到锻炼。在这7年里，由于他的能力足以胜任这份工作，他并没有花时间和精力去提升自己。

他曾经试着写了简历，并尝试投递了十几家公司，可是至今没有一家公司打电话约他面试。他开始恐慌：难道自己被社会抛弃了吗？他不甘心一直在这样的环境里继续待下去。可是，不甘心又能怎样？他想改变，却突然发现不知道出路在哪里，不知道自己该往哪个方向用力。

他希望我能够给他一些建议，让他找到努力的方向。

当看完他那封长长的邮件，我感觉到了他想改变的欲望有多强。是的，很多时候，当一个人的理想和现实有差距的时候，就会产生一种无力感。这种无力感，不是现实给我们的压力所导致的，而是那种无方向感带给我们的。

在职场中，很多人都会碰到这种情况。当我们选择了一份职业，用尽全力投入这份职业，几年后却发现这份职业并不适合我们；当我们想要回头的时候，却不知道自己能干什么了。

每份职业都有与其相应的知识、技能、能力、素质要求，一旦在这份职业里无法练就让我们可迁移到别的职业的能力，没有积累足够多的工作经验，我们就无法顺利跳槽或者转行。

亲爱的朋友，你是否也曾经遇到过以下这些职业困惑：

◆ 你想改变目前"堕落"的状态，却不知道该从哪里去改变。

◆ 你想转行，却发现以目前的职业经历，已经无法支撑你去找一个更好的工作，从而让自己处在了高不成低不就的状态。

◆ 你想找到自己的职业方向，却发现自己路很窄，根本就没有选择的余地。

◆ 你想让自己的职业发展得到突破，让自己更有成就感，却发现根本找不到突破口。

…………

突然有一天，你发现自己找不到出路了。就像一只飞进屋子里的飞蛾，趴在窗户边，使劲地想冲出去，却怎么也飞不出去。前途一片光明，路，却不知道在何方。

我认识一位企业家，他也有过找不到出路的时候。还在上大学的时候，他就跟朋友创业，但创业失败了。作为一名学生，那时他的能力还不强，口才差，因创业还欠了很多钱。曾经有段时间，他觉得天快要塌下来了。但他知道自己不能倒下来，因为他知道还有很多人爱他。他是个很好强的人，所以他不断想方设法，直到找到出路。作为一名学生，他没有更多的资源，但他后来所做的一切，让他找到了自己的出路。

当你找不到出路的时候，不妨多做以下一些事情，或许，会让你找到突破口。这些也是我的亲身经历，希望对大家有所帮助。

做到三种改变

第一种改变：停止眼前的状态，就是新的开始。当我们处于错误的方向，停止前进就是新的开始。很多人明知道自己不喜欢眼前的工作，却还继续做下去，从而让自己的改变成本越来越大，直到不得不改变了，才发现已经很迟了。其实，要改变，并不需要付出太多，只需要停止就行了。停止之后，我们自然而然就会去想办法找出路。当我们不断去想、不断去实践的时候，会有很多出路出现在面前。

停止眼前的状态，不仅仅是停止行动，更重要的是停止那种无助感，停止现实给我们带来的失落感与泄气感。

第二种改变：把你当前能做好的事做到最好。职场有一个定律：当你能把一件事情做到最好的时候，别人就会认为你在这个领域是专家。记住这点会给你带来很多好处。我们会发现，有些人有很多头衔，并不是因为他可以做很多事情，而是因为他能把他当前能做好的事情都做到最好时，很多机会就来找他了。例如，刘德华歌唱得好，香港演艺人协会就会找他做会长，还有一些公司想请他做董事。

当我们找不到出路的时候，就要思考自己的优势在哪里，然后把这个优势放大。只有做你具备优势的事情，你才能做得比别人更好，这样才叫找到出路。在不知道如何改变的日子里，试着多做点发挥自己优势的事，你会找到成就感。例如，如果你擅长写作，就逼自己每天写1000字，久而久之，说不定你就找到成为作家这条路了。

把你当前能够做好的事做到最好，就是要做你擅长的事情，这会给你带来很多机会。

第三种改变：不断学习提升。一个人找不到出路，很可能是因为能力配不上梦想。因为能力不足，所以得不到企业的青睐；因为能力不足，所以不敢踏出改变的那一步；因为能力不足，所以找不到职业发展的突破口。

学历是敲门砖，而有学力才有未来。现在，一劳永逸的时代已经过去了，我们需要不断补充自己的知识和提升技能，才能够立于不败之地。而且，现在学习的机会很多，可以参加一些培训，也可以参加一些免费的公开课，还可以多读书。这些都可以为我们找到出路提供很多的灵感。

提升三种能力

有了职业发展方向，你还需要有实现梦想的能力和素质，否则就是空想。我们需要提升以下 3 种能力：

第一种能力：沟通表达能力。无论处在什么岗位，我们都无法摆脱人与人之间的沟通。就算是研发岗位，也需要你不断地跟客户沟通。所以，这种能力是每个人都必须提升的。

该如何提升我们这种能力呢？要分两种情况：

第一种情况，你不敢和别人沟通。很多时候，我们会看到一些人在开会的时候喜欢坐在后面，吃饭的时候尽量和异性分开，这些都是不敢和别人沟通的表现。要克服这点，就必须试着去突破自己的这种心理障碍。例如，下次在开会的时候坐在第一排；需要发言的时候，不要等着领导点名，要主动发言。

第二种情况，表达能力差。针对这种情况，你要做到的就是学会把一件事情清楚地说给别人听。你可以每天早上起来朗读半个小时的文章，也可以在和朋友吃饭的时候，给他讲述一下今天发生的趣事。这些都是提高你的表达能力的方法。当你慢慢地自信起来，你的沟通表达能力就会提升了。

第二种能力：人际交往能力。其实，我以前并不觉得人际交往能力很重要，因为那时我认为只要能力足够强，就会被别人认同。但有一天我发现我错了。你足够强，别人未必认可你。为什么会有那么多的人怀才不遇？就是因为这些人的人际交往能力太差。当你与周围的人格格不入，其实就是和这个世界格格不入，谈何成功呢？当今社会是一个讲究人脉的社会。你必须拥有良好的人际交往能力，因为没有人可以靠单打独斗成功。

要提升人际交往能力，我认为以下 3 点是比较重要的。

第一点是做人要真诚。没人会愿意和虚伪的人打交道。我以前并没有很刻意地去交朋友，但是我交的朋友都很认可我。包括在出这本书的时候，很多人都给了我不求回报的帮助。真心的朋友需要用真诚的心才能交得到。在这个物欲横流的社会，更需要一颗真诚的心。

第二点是要有共赢的心态。强者都有共赢的心态，要想得到别人的帮助，先想想怎么去帮助别人达到目标。如果你能够养成这种心态，相信很多事都能够办成。

第三点是做一个有价值的人。人际交往最大的原则是平等。要有好的人际关系，首先你自身必须要强大，要做一个对别人有用的人。

第三种能力：让自己与众不同的能力。在下面的章节，我会讲到如何用你的与众不同帮助你找到出路。让自己与众不同是一个人很重要的能力。要做到这点，你需要在特定的领域将自己的优势放大。你的优势可以在让你感觉很强大的事情中寻找。

你可以试着找到自己的优势，围绕这个优势来选择方向。在找到自己的方向之后，不断地在这个领域提升自己，然后扩大自己的影响力，慢慢地，你就会与众不同。比如，学PPT的朋友应该都认识秋叶大叔。在成名之前，单论设计排版与配色技巧，他是不如很多年轻人的，但是他把推广的技巧、业务的理解、故事的讲述、文案的提炼、标题的点睛、逻辑的串联、排版的方法、配色的规则等综合起来写进PPT中，就成为这个领域最牛的人。

所以，我们要学会整合自己的资源，做一个与众不同的人。

出路永远都在，在你实在不知道干什么的时候，那就只做投资自己这件事吧！当你不断地投资自己的时候，你会发现你的生命有更多可能！

Part 5

平台：
如何选对行业、跟对贵人？

行业：如何找到有发展前景的行业

曾经听过一个笑话：

一只螃蟹和鸭子赛跑，难分胜负。最后裁判决定，由它们猜拳决定胜负。鸭子大怒："我出的全是布，螃蟹总是剪刀，我肯定输啦！"

这说明先天性的东西很重要。

选择一个行业，同样如此。行业的发展空间是先天的，不同的行业，发展空间就不一样。

有两个朋友，分别是 S 和 E。他们都毕业于金融学院。

毕业前，他们都在积极找工作。S 对于行业没有要求，认为只要有一份工作就好。E 在大四的时候就对大部分行业进行了了解，他只想进金融行业，而且只进银行。

毕业后，S 进了加工制造业，从管理干部做起，而 E 则进了银行，当了一名柜员。

工作前两年，两个人都拿着相同的月薪，过着拮据的日子。

工作的第三年，S 升上了公司品质部门的主管，而 E 则转岗做了一名基金经理。S 的月薪比 E 多了 1000 块。

工作的第四年，两个人开始慢慢拉开差距。S 的月薪到了 8000 块，年薪接近 10 万元。而 E 则是一个资金规模 1000 万元的基金项目的操盘手，年终到手收入 20 万～30 万元。

　　工作的第五年，两个人的差距越来越大。由于加工制造业利润较低，所以无论 S 的工作多么出色，也无法突破公司的薪酬结构限制，获得高薪。

很多时候，从选择进入某个行业起，就已经决定你能否获得高薪。

由于工作的原因，很多人会向我咨询该如何做好职业规划。

在帮助他们做职业规划的过程中，我发现他们对行业的选择出现了两种极端看法：要么觉得行业很重要，要么觉得做什么行业都无所谓。

其实做任何一个选择，包括做行业选择，并没有统一的标准。我写这本书，是希望大家能够对自身情况有更多的了解，从而能够从事自己喜欢的工作，最终成长为最好的自己。对于这本书的所有观点，大家应有自己的判断，并结合自身情况，做出最适合自己的选择。

做行业选择之前，我们有必要了解以下几点：

选择行业前，需要了解你的价值观，了解你看重什么、想成为什么样的人。 选择某一个行业，往往预示着你的价值观是什么。比如，选择教师行业，也许预示着你喜欢稳定、安全；选择互联网、金融行业，也许预示着你希望赚更多的钱，希望自己过着有挑战的生活。

了解你的价值观，了解你想成为什么样的人，对于选择行业很重要。毕竟不是所有人都希望赚很多钱，也有人希望过着平平淡淡的生活，从事一份自己喜欢的职业就好。

选择行业，需要根据你的职业来定。 做职业规划的时候，有人会先选职业，再选行业；也有人会先选行业，再选职业。如果你先选择职业，就要看看你选择的职业的发展空间是否受行业的限制。一般来说，行业中某个特定的职业的从业人数较少，如果你能够做好，一样可以获得很好的发展，但是日后如果你想转行恐怕会比较难。

那些所有行业通杀的职业，往往很容易找到工作，但因为从业人数较多，很难获得高薪。比如人力资源管理。针对这种情况，你需要选择一个正在高速发展的行业，才能获得更好的发展。否则，你可以反观一下传统行业的人力资源从业者，他们的薪资普遍较低。

能力不足就不要选择正在衰落的行业。每个行业都有最好的企业。就像上文提到的加工制造业，一样有最好的企业，比如富士康。如果你能够在这个行业顶端的企业工作，那也不错。但如果你能力不足，建议从长远考虑，不要进入正在衰落的行业，而要选择未来的朝阳行业。

雷军说："站在风口，连猪都会飞起来！"这是对互联网行业最真实的写照。选择一个好的行业，或许可以让你的发展更加顺利。

了解了行业选择的诀窍，要找到有发展前景的行业，我们必须了解好行业的标准。

好行业的标准有4个：

第一，需求大。国民的消费需求越大，市场空间也越大。需求大是一个好行业的最基本的标准。市场空间决定着企业的发展，就像分蛋糕，蛋糕越大，你才有可能分得越多。因此，通过预测国民的消费需求，就能找到有发展前景的行业。

第二，未来的趋势。我们可以从美国、德国等发达国家的产业结构调整历程，来预测未来有发展前景的行业。

据信托产品网介绍，在20世纪50年代，美国的钢铁、纺织等传统产业向日本等国转移，而率先集中力量发展半导体、通信和电子计算机等新兴的技术密集型产业。在20世纪六七十年代，日本等国的产业结构转向集成电路、精密机械、精细化工、家用电器和汽车等耗能低、耗材少、附加值高的技术密集型产业，同时把一部分劳动密集型产品的生产转移到新兴工业化国家和地区。在20世纪80年代中期，劳动密集型和一般技术密集型产业从"四小龙"转移到中国和东盟。前者发展技术密集型产业，美国、日本和欧洲发达国家则主要发展知识密集型产业，以微电子技术、新能源、新材料为核心的新技术则迅速产业化，建立起知识密集型产业。

从20世纪80年代开始，美国的钢铁、汽车、消费型电子产品及办公事务设备等令人瞩目的产业迅速衰落。休闲娱乐业和金融服务业则成为最具有竞争实力的支柱产业。服务业（第三产业）超过了工业（第二产业），成为美国国民经济的支柱产业。

从中可以看出，未来的行业发展趋势，将是集技术密集型和知识密集型于一体的产业迅速崛起，劳动密集型产业将逐渐衰落，而且衰落的速度会加快。

第三，净利润高。 所谓"净利润"，就是收入减去成本减去费用再减去所得税。当然这只是一个简单的算法，仅供大家参考。

如果行业利润低，那么企业的利润也高不到哪里去，在这种低利润的行业，你的发展空间就很有限。当利润越来越低的时候，这个行业就有消失的可能。

净利润要高，一方面要求收入要高。要做到收入高，那它的需求要大，价格要高。房地产的需求很大，而且价格很高，所以它的利润就会很高。另一方面要求成本低，即技术含量要高，尽量不要涉及太多原材料。例如，加工制造业的利润很低，因为成本太高，自身附加价值又低。

因此，净利润高是一个好行业的重要标准。

第四，供给有限。 需求大，不代表就是好行业。比如日用品，是人们的日常刚性需求用品，需求量巨大，但由于行业门槛低，产品差异化小，产品附加值低，竞争激烈，供给充分，行业的利润也在不断地被压缩。所以供给有限，也是好行业的重要标准。

综上所述，最好的行业，是人们的刚性需求大、产品能够重复销售、供给有限、符合未来的发展趋势且利润高的行业。

对比以上标准，我认为好行业，大部分都是满足人们的细分需求的行业，比如以下几种：

能够满足大众沟通需求、提高工作效率的行业。如互联网行业、通信行业、智能机器人、信息技术、移动产业链等。

日常刚性需求行业。如房地产及相关的经纪、咨询、售楼、装修等，快餐、共享交通、饮料、快消品、速成食品、医药、医疗器械、保健养老等。

新能源行业。如新能源汽车及相关配套设施、新材料研发与生产、节能环保等。

能够提高人们幸福感和安全感的行业。如电影娱乐、游戏、个性旅游、个性工艺品等。

和金融相关的行业。如理财、基金、投资、证券、保险等。

智慧行业。如智慧交通、智慧城市、智慧安防、智能物流、环境监测等。

为企业服务的行业。如中高端人才猎聘、企业管理咨询、企业流程外包、工业机器人、工业自动化、高端装备制造等。

知识服务行业。如自媒体、教育培训、法律服务、个人咨询服务等。

与美相关的行业。如美容、化妆品、护肤等。

企业：如何判断一家企业是否靠谱

朋友小米兴高采烈地告诉我，她找到了一份自己喜欢的工作，而且工资也比以前高。

看着她手舞足蹈的样子，我心想这份工作肯定超出了她的预期，所以我没有过多地问她关于企业的情况，只是祝福她在新的岗位能够取得好成绩。

两个月之后，小米告诉我，她已经离职了。

这让我很诧异。

细问之下我才知道，原来小米进那家公司后，发现现实情况和自己想象中的差距太大。这家公司每周上 6 天班，而且每天晚上，小米都被要求留下来义务加班两个小时。为了工作，这些小米都可以接受。但是随着时间的推移，小米发现公司存在着管理混乱、业务萎靡、领导朝令夕改、工资发放不准时等问题。

初入职时的充满期待和现在的失望形成巨大落差，小米最终选择离开了这家公司。

小米向我抱怨：怪自己当初没有多了解这家公司，浪费了两个月的时间。

确实，如果入职之后才发现公司不适合你，不仅浪费了你的时间，还给你找下一份工作提高了难度。毕竟，这么短的时间就离职，下一个用人单位肯定会有所怀疑。

我相信很多朋友都会遇到小米这种情况。如何避免这种情况出现在自己身上，找到靠谱的企业，我相信这是每个找工作的朋友都关心的问题。

下面，我将通过从面试到入职过程的各个环节的逐一展开，让大家来了解一家公司是否靠谱。

面试前

面试邀约。 一般面试前都有邀约，通常来说，企业的面试邀约都是 HR 通过电话来进行的。当你接到电话面试邀约之后，需要确认对方的身份。如果他不是 HR，那这家公司可能比较小或者是创业公司，还没有人力资源部门，是由用人部门来进行招聘的。

另外，你还要看看邀约的电话是通过座机还是手机打的。如果是手机打的则要提高警惕，很可能是假招聘，很多不法分子利用网上招聘信息来欺骗求职者。

就算是座机打来的，你也可以把座机号码输入百度搜索，这样也可以查到这个电话是否是那家公司的电话。如果网上没有相关信息，则说明这家公司刚成立不久，或者公司知名度不大。

面试信息。 正常公司的招聘，都会通过邮箱（公司邮箱尤佳）将面试信息发给求职者。如果它只是通过手机发信息给你，就说明这家公司不大靠谱。当然，如果既给你发了邮件，又通过手机给你发信息，则另当别论。

面试地点。 一般面试地点都是在公司办公的地方。如果对方要求你在咖啡厅、酒店等地方面试，要么这家公司比较小，没有办公场地，要么就是骗子。当然，有些公司在招聘高管岗位、技术岗位等重要岗位时，因为候选人无法请假面试，他们也会邀约候选人在外面面试，这种情况要另行判断。

商事主体。 对于那些不知名的企业，大家在去面试之前，可以上"国家企业信用信息公示系统"了解该企业的基本信息。在这个系统，大家可以了解到企业的信用信息，如经营是否异常，是否违法等。还可以看看该公司的注册资金。一般来说，注册资金越大，则企业的可信度越高。如果注册资金只有 10 万、50 万，那可能就是很小的企业。还可以通过当地的市场监督管理局网站，查询这家公司的相关股东、子公司等信息来了解。

招聘广告。 一般企业的招聘广告都只是说明岗位职责、岗位要求、公司介绍和福利待遇等。如果该企业的招聘广告出现很多煽动性的词语，则需要提高警惕。如"高底薪＋高提成""月薪3万，一年买房买车不是梦""工作简单，薪酬优厚"等明显脱离实际情况的招聘广告。因为很可能被忽悠进去之后，你才发现跟预期差距很大的情况，甚至会因此受骗。

公司网站。面试之前，大家可以看看公司的网站，了解公司所在的行业、产品、成立时间、最近的重大新闻等。如果这家公司没有网站，它要么是刚成立，要么是皮包公司。

面试中

到公司面试的过程中，可观察以下情况：

公司地理位置。到公司的交通是否方便？是否位于繁华地带？周边是否商业区？这些都可以反映公司的实力。靠谱的公司都会选择在地理位置优越的地方办公。

办公环境。到公司后，可以看看公司周边商务车辆、私家车多不多。还可以了解公司办公楼是独有还是共租，办公环境装修是否气派等。一般来说，靠谱的公司都会很在意办公环境。

公司人员和客户状况。这在面试的时候可能很难搞清楚，但也可以通过一些情况来进行侧面的了解。在等待面试的时候，大家可以借机到公司的办公区看看他们的员工有多少，看看他们都在开会讨论还是各自干着各自的事情。如果人很多，而且处于沟通的工作状态，说明这家公司的工作氛围还是不错的。还可以到前台，看看来访的客人多不多，如果半个小时只有你一个人，说明这家公司的业务情况可能不大好。

面试流程。一般面试都有一定的程序，比如先是HR面试，然后是用人部门面试，最后是分管领导面试，甚至有可能要老板面试（如果应聘中高层岗位）。但是，如果只有一个人随意地问你一些问题，然后面试时间很短，就告诉你被录用了，那这家公司很可能有问题。

入职后

虽然已经入职，但是大家也可以了解一些事情，以便尽早知道公司是否适合自己，避免浪费更多的时间。

工资发放。可以跟同事闲聊，了解公司工资正常发放的时间，以及是否会延期等。如果公司工资发放不准时，说明公司的现金流不好，那你在这家公司的发展可能没有那么好。

公司领导。通过初步了解公司领导的风格、能力、团队状况，可以预判这家公司未来的发展情况。

盈利状况。公司没有盈利，就谈不上员工的发展。如果公司还没盈利，那就要了解公司没有盈利的原因——是公司产品不行，还是公司正在创业阶段，还没到盈利的地步。不同的原因，你也可以做出不同的选择。如果是公司产品不行，那你要考虑是否还要留下来了。

关于企业是否靠谱，你还需要知道这些

通过对上面的要素进行了解，我们基本可以判断一家公司是否靠谱，但是"尽信书则无书"，要准确判断，还需要知道以下事情：

要了解企业的发展阶段。上面的判断标准，都是基于大部分的企业。但是有些标准，也因企业的不同发展阶段而异。比如一家创业型公司，可能它的地理位置并不好，公司管理也不完善，公司员工也不多，办公环境也不好等，但是它未来也可能是一家好公司。所以你需要了解公司现在处于哪个发展阶段。

要懂得判断一家企业是否有前景。也许你经常会遇到创业公司，他们会给你画大饼，这需要你有自己的判断力。可以看看这家公司的产品是否有市场需求，是否有技术含量，商业模式是否先进，公司领导是否有魄力，公司团队构成是否合理（如是否有销售、技术、管理、后勤等人员）。如果这些要素都具备，这家公司也是值得你加入的。

找工作，该选择"钱景好"的还是选择"前景好"的

我在三茅网看到这样一个案例：

> 我是一个有 5 年工作经验的 HR，由于个人原因刚离职，最近正在找工作。我比较擅长薪酬和绩效管理，求职方向主要是薪酬绩效主管 / 经理这样的职位。
>
> 最近我收到了两家公司的 Offer，其中一家公司是做互联网的，规模较小，有七八十人，薪资福利比较好，职位是人力资源经理，但是发展空间小，很多事情都要亲自动手。另一家公司属于制造业，规模较大，福利待遇中等，给的是薪酬绩效主管的职位，有两个下属，发展空间比较大。这两家公司各有特色，说实话，真的很难选择，我应该选哪家公司比较好？

对于这个案例，我们可以从以下几方面来考虑：

工作前 5 年，不要盯着你的工资看，而要盯着你的能力看。换句话说，30 岁之前，找积累性的工作；30 ～ 40 岁找有钱的工作；40 岁以上找能实现自我的工作。

工作前 5 年，你还处在人生的积累期。如果经济压力不大，建议选择"前景好"的工作。

根据马斯洛的需求层次理论，人的首要需求是生理需求。我们首先要保证自己的温饱没问题，所以都想找高工资的工作。工资太低，实在无法活得有"尊严"。

生活所迫，是我们不得不面对的问题。大部分人的惯性思维都是以钱作为选择工作的第一标准。但是，这样也使得很多人刚毕业就很浮躁，一旦工资无法达到自己的预期，就很容易放弃。

工资高不高，关键是看你值不值高价钱。其实，很多工作如果你能够做到专家水平，工资都会很高。例如软件开发，如果你能认认真真积累工作经验，经过几年的发展，达到高级软件工程师的水平，那么工资肯定会很高。

所以，**找工作，不要总看工资高不高，而要看你是否配得起高工资。**高工资的工作总是存在的，只是，这份工作你能够胜任吗？

一个做人力资源总监的朋友，曾经做过销售工作。做销售半年之后，他发现自己还是喜欢做人力资源管理方面的工作。其实，人力资源管理工作刚开始的工资并不高，但是其理论性和操作性非常强，只要一步步踏踏实实地去积累经验、提升能力，还是可以拿到自己想要的报酬的。所以改做人力资源工作前3年，他几乎不怎么在意自己的工资，但是他一直在努力学习，积累工作经验，特别是项目经验，提升综合素质和能力，例如演讲能力、组织能力等。在他工作的第四年，工资比之前翻了3倍。在第六年，工资又翻了1倍。

所以，一个人总是需要一个厚积薄发的过程。在沉淀的过程中，也许你一点也看不到"钱景"，但只要这个工作是对社会有价值的，它就是有"钱景"的。你如果能够做到这个领域的专家，钱，只是顺其自然的事情。

记住，工资只是结果，当能力提升之后，有了积累之后，高工资只是你创造价值的副产品而已。所以，**不要盯着你的工资看，而要盯着你的能力看。**

从职业发展的角度。假如摆在你面前有两份工作可以选择，一份是互联网行业的职位是人力资源经理，另一份是制造业的职位是绩效薪酬主管，你会如何选择？在职业发展通道里，经理的级别是比主管要高的。虽然制造业的主管可能跟互联网的经理任职资格是一样的，但是互联网的人力资源经理是管理岗位，注重全面性；而制造业的绩效薪酬主管则主要集中在绩效和薪酬两个模块，如无意外，未来的发展肯定是往绩效薪酬经理发展。所以，要看你个人的发展意向到底是想往管理岗位发展还是想往专业模块发展。两份工作表面上各有好坏，实际上未来的发展空间完全不同。

　　另外还有一点是，做过招聘的人都知道，在招聘人力资源经理的时候，有一个要求是在同等管理岗位任职 3 年以上。虽然制造业的绩效薪酬主管发展空间比较大，但发展趋势不确定，万一工作几年后，却依然无法得到发展，依然是个绩效薪酬主管，如果想跳槽的话，那你可能只能继续找主管的工作，因为你没有经理的工作经验。所以，虽然互联网的人力资源经理的发展空间小，但毕竟是个经理岗位，如果以后跳槽，你还可以继续找经理甚至总监之类的工作。

　　从你喜欢的角度。无论是"钱景"还是前景，其实都是外在的因素，这些因素都是可以改变的。如果一份工作"钱景"或前景都很好，但是你不喜欢，不是你的兴趣，不符合你的价值观，虽然短期之内你会因为它的"钱景"而得到经济上的满足，但是长此以往，你会慢慢产生职业倦怠。所以，"钱景"、前景都是我们找工作的重要因素，但是这个工作是否是你喜欢的，你是否有兴趣长期做下去也非常重要。

　　人力资源经理和绩效薪酬主管是两个完全不同的工作，工作内容虽有交叉，但是又有差别，发展方向不一样，你对哪个更有兴趣呢？

　　改变观念，变发展空间小的工作为发展空间大的工作。其实这两个工作都属于同一个职业，都是人力资源管理，只不过工作内容不一样。它们之间只是大公司和小公司的区别，但发展空间其实都是一样的。从发展阶段来说，我个人觉得互联网的人力资源经理更有利于个人的发展。因为我们不能把发展空间仅仅局限在一个企业，而要放眼于所有行业。

　　互联网人力资源经理虽然在本企业发展空间小，但好在是部门的经理，很多东西都可以自己做主，很多时候你都可以按照自己的想法去实施。人力资源管理专业最重要的就是专业经验、项目经验。制造业的绩效薪酬主管表面看空间大，但该职位之上可能还有经理、总监，所以这个角色应该是个执行的角色，就算自己有很多想法，估计也很难实施。正所谓"宁为鸡头，不为凤尾"，选择互联网人力资源经理更为妥当。

很多时候，事事能够亲力亲为也不是什么坏事，因为你有更多的实践的机会。说句公司不爱听的话，作为一个公司的人力资源经理，你可以把这个公司作为一个试验田，你可以实施你想做的人力资源项目，只要你能说服你的老板。这估计是制造业的绩效薪酬主管做不到的吧。

方向：关于是考研还是就业的建议清单

有太多朋友问我是否要考研的问题，所以我写了这篇文章。也许会有人反对我，但是没关系，对有些人有帮助就好。

"我需要考研吗？"这是很多大学生甚至已经工作多年的人都曾经思考却犹豫很久的问题。

要回答这个问题，我想先从身边的两个故事说起。

第一个是一个大学生的故事。

小N是一个985大学的学生。他的专业是材料学。他学习成绩中等，但很热衷于参加社团活动，所以深受老师的喜欢。

临近毕业，和很多同学一样，小N面临着就业和考研的艰难抉择。

他的父母都是国企老干部，所以对学历非常看重。他们非常希望小N能够读个研究生，觉得学历高总有好处。

可是小N对考研并不热衷，因为他对大学的专业其实并不是很感兴趣，说不上喜欢但也不讨厌。

　　在父母的压力下，他虽不想考研，但也花了几个月的时间去复习。结果，他竟然考上了，还拿到了不菲的奖学金。

　　在一片欢呼声中，加上就业的压力、父母的期盼，他就想，读就读吧，反正都考上了。

　　就这样，他走上了读研之路。

　　可是，他很快就发现，读研其实就是做实验，帮老师做项目。然而，这些都不是他的兴趣。第一，他不喜欢整天对着实验设备；第二，他不喜欢整天待在办公室；第三，他发现自己完全不擅长做科研。有些实验别人花了 1 天时间做完，他要花 3 天的时间，而且效果也不比别人好。

　　可是既然已经选择了，就只能继续坚持下去，并且要拿到毕业证。

　　3 年后，他顺利拿到硕士学位。但他没有从事跟所学专业相关的工作，因为他不喜欢也不擅长。最终，他选择了一个自己喜欢的职业：互联网产品销售。

　　当他重新有了自己的选择，却发现跟自己同时大学毕业但没有考研的同学相比，已远远落后了。别人早已在职场站稳了脚跟，甚至已经是部门的核心骨干，而他却依然还在为从事哪个职业苦苦纠结。

这是很多读研人士的尴尬：

◆ 曾经为了镀金而考研、读研，结果 3 年后，才发现读研并没有给自己的职业发展带来多大的帮助。

◆ 曾经以为大学毕业未能找到好工作，是因为学历还不够高，所以选择了读研，却发现读了研之后还是一个样。

◆ 曾经为了躲避就业的压力而选择了读研，却发现 3 年之后，依然存在压力甚至面临更大的压力。

◆ 曾经为了读研而不管专业是不是自己喜欢的，结果毕业后选择了和专业毫无关系的工作，3年的付出似乎和自己的发展成了平行线。

也许你会说，考研是你人生必不可少的经历，而且很多东西是不能用结果来证明的，你只在乎过程。再说了，谁的青春不曾走过弯路？那是否有更好的办法，让你既有经历又有结果呢？让我们来看看一个工作多年的职场人士考研的故事。

小C是个十足的"个性男"。他学的是人力资源管理专业。毕业的时候，他坚决不考研。

问他为什么，他说有两个原因：第一，考研对他没什么帮助。因为他想从事人力资源管理工作。确实，在很多企业里，这份工作是用不到研究生的。第二，他家里穷，已经不容他再花3年的时间去读书，他要尽快工作赚钱养家。确实，如果家里困难，考研就不是你的最好选择。

所以，毕业之后，他就目标明确地找了与人力资源相关的工作。

由于他很认可这份工作，并且可以学到很多东西，他很有成就感，于是就越来越有干劲，所做的事情也越来越得到领导的认可。

3年后，他意识到要给自己充充电了。因为他所在的公司是一家创业型的高科技公司，发展很快，将来是有可能上市的，而上市公司对核心骨干的学历是很看重的。

所以，他决定要考一个在职的研究生。

虽然周末上课有点辛苦，但是他却热情不减。因为在课堂上，他认识了很多高素质的朋友，学到了很多能够马上运用到工作上的知识和工具。

几年后，他慢慢升到了公司的中层，而他们公司也上市了。他的高学历，让老板刮目相看。

考研，成了他职业发展的利器！

也许很多人看到这里，依然会不同意我的观点。没关系，对于考研，每个人的目的都不一样，有的人是想借读研来逃避就业压力，有的人是迫于家人压力或者迎合家人的期望，有的人是为了让自己更有底气，有的人是为了找到更好的工作。

但你应该明白一点，做任何事情，都应该是为了让自己变得更好，这点你同意吗？

对于应不应该考研，我觉得只有一个判断标准，那就是：它对你有帮助吗？

接下来，我和大家分析一下，在哪些情况下，可以选择考研。

考研选择的专业是有利于你未来的职业发展的。很多人，读了理工科专业，毕业后却去做了文职工作，那你这 3 年不是白读了吗？企业看了你的简历，也会问为什么读了 3 年的工科专业，最后却没有做这个专业的工作。如果你的理由不充分，就会给人一种选择随意、浪费了 3 年时间的感觉。这往往会让你错失好工作。这种情况下，读研并没有给你带来帮助，反而产生了消极影响。

你将来要从事的职业确实对学历是有高要求的。读研之前，做好自己的职业规划，看看你将来想要从事的职业对学历有什么要求。关于这点，可以从一些招聘网站上了解。很多企业对于一些岗位是有硕士学历要求的，例如研发岗位。不做无准备的选择，会让你少走很多弯路。如果有些弯路是可以避免的，为什么非要走呢？毕竟你的目的是为了让自己过得更好！

工作多年后，发现确实要给自己镀镀金了。学历是敲门砖，有学历才有未来。这是我一直强调的观点。工作后的考研，就不是为了去敲门，而是为了帮助自己获得更多的资源。例如升迁的资源、人脉的资源、机会等，这些都是需要通过一个平台来获得的。这时，读研会给你更广阔的出路。

当然，读研并不是唯一的选择，因为读研并不是学习马上能够用得上的知识和技能，其作用更多在于提升学历。但在职读研，同样要考虑读研是否能够帮助你发展。如果不能，那不如去参加一些能切切实实提升你的能力的培训。

如何避免进入考研的误区

读研是应该谨慎选择的事情。因为读一个硕士学位就要花 3 年的时间。人生有多少个 3 年呢？那应该如何避免进入考研的误区呢？我认为需要做到以下几点：

不要为了考研而考研。考研不是你逃避某些事情的通道。很多人害怕就业压力，所以就去考研了。其实压力是无法躲避的，你越害怕它，它就越是跟着你。只有你勇敢地面对它，让自己变得强大，它才会离你而去！

对自己负责。对自己负责很重要的一种表现是，懂得利用自己的时间，去做具有更大价值的事。想一下，花 3 年的时间读研，是否真的对你这一生都会有帮助呢？虽然高学历表面看上去不错，但现在很多企业已经不那么看重硕士学历。很多时候，高学历反而会成为你就业的绊脚石。因为他们觉得，你这么高的学历，招过来真是浪费人才了。但是你的内心却很想去这家企业。所以高学历未必就能帮助你。你要对自己这 3 年负责，读研前，先把这些东西想清楚，会对你有很大的帮助。

大学时代要做好充足的自我提升准备，以让自己找到好工作。很多人读研，就是因为找不到好工作，随便就读了一个专业。这些都是你大学时代不努力的结果。大学时代，要好好加把劲，把自己锻炼得强大一点，或许那时，你就不会认为考研是你唯一的出路了。

说了那么多，我要强调的是，我并不反对考研。我只是认为，对于有些人考研会很有帮助，但对于有些人来说，就是浪费时间了。比如，对那些将来从事的职业和所学专业没有关系的人、没有独立思考能力的人、对科研不感兴趣的人来说，读研就是浪费时间。

时间对我们来说是很宝贵的，如果你觉得工作 3 年比读研 3 年产生的价值更大，那你可以毫不犹豫地放弃考研。**没有目的的考研，是最大的浪费。**

一个选择不会毁掉你一生，但会影响你很长一段时间。但愿在考研的路上，你能够多点理性，多点勇气和考量，不为别人而活，只为自己将来的发展能够有一个更好的出路！这应该是读研的最大价值所在。

逆袭：如何在小公司里获得更大的发展

我曾经很深入地思考过一个问题：大公司对一个人的发展的作用有多大？

什么是大公司？在很多人的眼里，大公司一般是规模较大，财务状况良好，制度较为健全，企业文化较好，发展空间较大的公司。

我也曾经做过调查，调查的内容是：假如你有机会在大公司和小公司中进行选择，你会选择哪个？ 99% 的人，都选择了大公司。剩下的 1%，是特立独行的人，因为他们觉得大公司会束缚自己。

你的答案是什么？

在很多的场合，我们都会听到这样的话：我想进入大公司。在大多数人眼里，大公司意味着高工资，制度完善，进去之后将会一帆风顺，从此走上人生的巅峰。

确实有人做到了，但是他们也是挥洒了无数的汗水后，才走上成功的舞台，享受着鲜花和掌声。

我有一个朋友在德邦就职。他告诉我，德邦出来的管理人员，例如财务、人力资源管理、行政后勤等岗位上的人，基本上是被哄抢的。中层干部去中小民企担任高管，年薪至少 50 万。因为德邦的管理体系是模仿 IBM 搭建起来的。在大多数人的眼里，大公司意味着正规，意味着管理的完善，这些都是民营企业梦寐以求的目标。

我另外一个朋友，在一家民营公司做副总经理，他就有这种招聘从大公司出来的人的爱好。凡是大公司出来的，基本上是他的最爱。他所在的行业，有一家规模很大的外企。凡是从这家外企进去他公司的人，基本上都会得到重用。

从这些例子可以看出，大公司对一个人发展的作用。大公司的背景，对你将来获得更大的发展，有着极大的促进作用！

如果你进入小公司，难道就没有前途了吗？

小 M 毕业之后进入了民企工作，而且是一家很小的创业公司。入职之后，他工作非常投入，而且也非常努力地提升自己。就算公司无法给他提供很好的平台，他也靠着自己的努力，帮助老板解决一个又一个的难题。他也很快从职员做到主管，再到经理。

现在，他已经是一家公司的总监，虽然依然是在小公司，但也拿着不菲的年薪。

所以，无论是小公司还是大公司，对于一个人来说，发展都要靠自己。你应该学会把命运掌握在自己的手上。在选择既定的情况下，你应该做到以下几点，让自己的职业发展更顺利。

学会忠诚。忠诚是你这辈子必须做到的。只有忠诚，你才可以从所在的公司获得更高的职位；只有忠诚，你跳槽时才有更雄厚的谈判资本。而忠诚意味着时间长，意味着经验的积累。任何人，不管你有多喜欢跳槽，都应该在一家公司至少待够 3 年，同时慎重转行。否则，即使你的背景再好也是徒劳。好工作都是等着被人来挖的。

不断提升自己。不懂提升自己，你的忠诚有可能就会变成愚忠。有些人在一家公司工作了 5 年甚至 10 年，可是为什么升职依然和他无缘？因为他已经没有了进取心。就算让他走上更高的岗位，他也无法胜任。所以，要不断学习，不断要求自己进步。比如，可以每年参加几次培训，甚至争取更高的学历。在工作过程中，多多总结经验，为自己的晋升做好能力上的准备。我们需要提升哪方面的能力呢？首先是岗位业务能力；其次是跨部门沟通能力，包括 PPT 展示、公众演说、会议发言等；最后是增强抗压能力，提升自信心，提高心理素质。

跟对领导。因为好公司可能是一时的，但好领导却可能是一生的。马云说过，**一个好领导，比一家好公司还要重要。**

我所去的第一家公司的领导，是一个人力资源管理经验非常丰富，而且非常愿意帮助下属的女强人。刚开始我做单一的招聘模块，后来她给我机会去尝试其他模块，接着我很快就接触到了全盘工作。再后来，我离开公司了，但依然和她有联系，包括我转行做职业规划、培训，她都给了我很多建议，让我少走了很多弯路。

一个好领导比一家好公司重要。当然两者都好那是最好的。但如果取其一，那就选一个好领导。

> 我有一个朋友，进了一家公司，刚开始月工资是 6000 元，但他的领导是个很厉害的讲师，每天下班后都会把他叫到办公室总结当天的工作完成情况，指出他存在的问题。这让他学到了很多东西。两年后他跳槽了，做了招聘经理，月工资达到了 12000 元。所以，一个好领导对你的职业发展很重要。

那么问题来了，什么是好领导？我觉得有两点：第一点，他够专业够权威；第二点，他愿意给下属提供机会。遇到这样的领导，请好好珍惜。因为跟着他，你会成长得很快。

在做到以上 3 点的基础上，如果你选择了大公司，那你会飞速发展；如果你选择了小公司，也不用担心，你照样可以立于不败之地。

价值：关于跳槽的建议清单

小 D 大学毕业之后，进了一家高科技民营企业，一工作就是两年。这两年来，他勤勤恳恳，业绩优秀。可是在这家公司，他看不到自己发展的前景，他想跳槽，但他才工作两年，工作经验不多，担心跳出去后对自己不利。于是他迷惘了：一份工作，做多久跳槽才会比较好？

其实对于跳槽，没有工作多久才适合的说法。如果你真的有了跳槽的想法，如果你真的想通过跳槽实现更大的职业发展，如果你想知道是否要跳槽，我有以下建议：

你真的尽力了吗？ 一个人之所以会离开一家公司，肯定是因为现实跟理想出现了差距。其实，每家公司都会存在问题。你目前遇到的问题，有可能在下一家公司也会遇到。所以，你要问问自己：你的工作真的做到最好了吗？你是否已经全力以赴创造出超出领导期望的绩效？你找过领导谈过你的想法了吗？你存在的问题，他们是否无法给你解决？如果你已经做得足够好，但是依然存在这样的问题，我赞成你跳槽。**以发展为目的的跳槽，从来都是值得提倡的。**

做好企业价值诊断。 对于个人的职业发展来说，我觉得企业有两大价值：

第一，平台价值。 企业为你搭好了平台，你只需要尽情发挥自己的能力，就能够在这个平台上收获你想要的东西，包括实现你的个人价值，获得你想要的报酬等。

第二，跳板价值。如果给不了你平台价值，那你就要让它实现跳板价值。**你所在的任何一家公司，不一定有平台价值，但一定有跳板价值。**也许你在这家公司得不到发展，拿不了高工资，但你一定可以学到对你有用的东西。

也许你会问，在一些很烂的企业，怎么可以学到东西？其实学习要靠自己主动，而不是被动。被动的人，在哪里都学不到东西。这可能跟一个人的学习力有关。关于这一点，我的做法是，首先确定自己想要做的模块，然后去学习相关的模块知识，再利用公司的资源，增加工作经验。我的全盘工作经验就是这么来的。你现在的领导不是随意给你安排内容吗？这么好的锻炼机会你都不利用，你以为到了下一家公司还有这么好的机会？

所以，问问自己，你所在公司的平台价值与跳板价值，你能利用哪一种？如果你觉得自己在的这家公司没有平台价值，那你是否利用了它的跳板价值？如果跳板价值还没有利用就跳槽，那么我可以肯定，你去了下一家公司，情况也好不到哪里去，因为你只会做你熟悉的事情。

跳槽前掂量一下自己有几斤几两。如果你选择跳槽，最好先掂量一下自己有几斤几两。如果你只有 6 两，跳出去想找 8 两的工作，那不是找死吗？如果找着找着，你只能找到 4 两的工作，甚至比现在的公司还差，那不是白跳了吗？公司不是慈善机构，而是需要创造绩效的地方。任何公司招一个人，都希望这个人能够为公司创造比付给他的工资高 10 倍的价值。所以，你要挑战高工资，就要让自己具备值得高工资的能力。跳槽前，先问问自己是否有足够的能力找到一份比现在好的工作。如果还没有具备，怎么办？先别跳槽，暂时委屈一下，全力以赴把目前的工作做好，积累与工作相关的项目经验。同时，平时要了解更高岗位的素质和能力要求。对自己不具备的能力，要有针对性地提升。等自己强大了，再跳槽。人在社会，还是要能屈能伸的。

下一家公司干久点。做过招聘的人都知道，一般招聘时，有两个非常看重的因素：一个是从业经验，一个是稳定性。从业经验，可以确保他能够胜任招聘岗位工作；稳定性，可以让这个人才长期稳定地为公司输出绩效。

而这两点，通常都是根据你在一家公司工作的时间来判定。长时间在一家公司工作的背后，还隐藏着很多的个人信息。例如，他的绩效应该是优秀的，他才会得到这家公司的认可，从而可以让他长时间在一家公司待下去。要不，在竞争这么激烈的市场环境中，他早就被淘汰了。

很多人说：我很有能力啊，只是我不想在这家公司待下去了。可 HR 会说，你那么有能力，也不是我们的菜，因为你干半年就跑，对于我们来说，你能力再强，对公司的贡献也很有限。所以，HR 在筛选简历的时候，首先淘汰的是那些跳槽频繁而且在过往的工作经历中没有在一家公司工作超过两年的人。

我以前做招聘的时候筛选简历，一般对不同职级的人的跳槽次数和在一家公司的工作时间有不同的标准。对于所有岗位，如果候选人没有在任何一家公司待够 1 年的，基本被我 Pass 掉；对于职员，如果在两家公司没有做够 1 年就跳槽，基本 Pass 掉；对于主管级别以上的，如果没有在一家公司工作够 2 年的，基本 Pass 掉。对于那些工作超过 3 年的，通常都会被优先录取。虽然现在招聘难，但有些基本的招聘原则还是不能改变的。毕竟把一个人招进来，做了不到半年就走了，再另招一个人填补这个职缺的成本，恐怕会比你当初多花点时间和金钱去找一个优秀的人高很多。

如果你选择离开目前这家公司，我建议你谨慎选择下一家，找个相对稳定的，在下一家干久一点，至少干 3 年，这样对你的职业发展才有帮助。

对于职场人来说，跳槽不是目的，成长才是目的！有时，人在江湖身不由己，工作上的委屈能忍就忍了。试想一下，哪一份工作是不用受委屈的？每个人都会经历受委屈的阶段，希望你能够顺利地度过。

关于成功创业的建议清单

因为工作的关系，有很多朋友经常问我一个问题：我是否适合创业？

我告诉他们：其实没有人不适合创业，关键是你是否已经具备创业成功的关键要素。

创业成功与否的关键不是你适不适合，而是创业过程中的各个关键环节你能否把握好。

我创过两次业，第一次失败，第二次还在进行中。

中国的创业成功率是万分之一，我的公司到现在还能够生存下去，也算万幸。

在我看来，创业的首要目的是可以生存下去，而获取最大的净利润是创业之初的基本目标。

对于初创企业来说，所有的工作，都要围绕如何让公司的净利润最大化来展开，这样才能提高创业成功的概率。

两次创业的过程，我走过很多弯路，但也有过神来之笔。今天，我想结合我自身的经历，跟大家聊聊创业过程中的一些关键节点该如何把握好，让你尽量少走弯路。

百分之九十的创业失败，源于创业前期准备不足。在创业前期，做好以下 5 项准备工作，才能大大提高创业成功率。

◆ 找到适合你的行业（也可以是有发展前景的行业）。

◆ 设计好你的产品。

◆ 设计好你的盈利模式。

◆ 解决你的创业资金问题，并有可行的预算计划。

◆ 找到合适的创业伙伴。

在前面的章节，我已经讲了如何找到有发展前景的行业，所以在这里不再展开。接下来，我重点跟大家分析如何做好后面4点的准备工作。

设计有竞争力的产品。设计什么样的产品，需要根据你所在行业所处的阶段来定。根据行业生命周期理论，行业的生命周期主要包括4个发展阶段：初创期、成长期、成熟期、衰退期（表5.1）。在行业生命周期的不同阶段，要采取不同的方法设计产品，才能让它具有竞争力。

表5.1　行业的生命发展周期

行业周期	产品特征及设计方法	举例
初创期	这一时期的产品设计及制造技术尚未成熟，在技术上有很大的不确定性，行业利润率较低，此时所有人对行业特点、行业竞争状况、用户特点等方面的信息掌握不多，行业进入壁垒较低。谁先进入该行业，设计出独特的产品，谁就可以占据这个行业领先的地位	滴滴打车率先进入共享汽车行业，并设计出私家车共享的产品，占据了这个行业的主导地位，后面进来的企业很难和它竞争
成长期	这个时期产品制造技术渐趋稳定，行业特点、行业竞争状况及用户特点已比较明朗，行业进入壁垒提高，产品品种及竞争者数量增多。这时，细分领域产品还有很大的发展空间	互联网行业正处于成长期，现已形成BAT三大巨头，但美团网、摩拜单车、映客、斗鱼等在细分领域中占据了重要位置。以后依然会有很多细分领域可供挖掘

续表

行业周期	产品特征及设计方法	举例
成熟期	这个时期产品制造技术已经非常成熟，行业特点、行业竞争状况及用户特点非常清楚和稳定，买方市场形成，行业盈利能力下降，新产品和产品的新用途开发更为困难，行业进入壁垒很高	LED 显示屏和汽车行业均处于成熟期，这两个行业的产品在生产技术上已经非常成熟，而且竞争格局基本定型，现在进入已经很难再有生存的机会
衰退期	这一时期产品制造技术被模仿后出现的替代产品充斥市场，需求下降，产品品种及竞争者数目减少	胶卷行业正处于衰退期，胶卷产品已经逐渐被数码产品替代，胶卷产品在市场上不再具有竞争力

从上表可以看出，要创业，除非具有非常雄厚的资金实力，否则不要进入正处于成熟期和衰退期的行业，最好是进入初创期和成长期的行业。

选择了合适的行业之后，那接着该如何来提高产品的竞争力呢？最重要的技巧是差异化。产品差异化技巧有如下几种：

第一，功能差异化。人有各种各样的需求，以前人们拍证件照都是去照相馆，每个照相馆价格都一样。可是，现在已经有公司专门为客户提供证件照的美颜特别处理，让相片和在其他照相馆照出来的完全不一样。虽然价钱较贵，可是对于部分爱美人士而言，他们宁愿出高价钱购买这样的服务。

第二，概念差异化。在以前，牛奶无论在一天中的哪个时段喝都一个样，现在，有些牛奶企业则将喝奶的时段进行概念化，例如早餐奶、晚餐奶等。

第三，卖点差异化。在手机行业，苹果手机算是当之无愧的领跑者。在刚开始的时候，苹果手机的很多卖点是其他手机没有的，例如HOME 键，这让苹果手机极具竞争力。

第四，服务差异化。如果你的产品在功能上和其他企业的产品没有什么差别，那可以在服务上进行差异化。例如在空调行业，每家空调企业的技术可能差别不大，但是在售后服务上却差别很大。

第五，设计差异化。如果产品的功能、技术等都和其他企业差不多，那就在外形上进行差异化吧。如果别人的产品都是大型的，那你可以尽量让产品往小的方向发展；如果别人的产品都是黑色的，那你就将产品设计成白色吧！

厘清你的盈利模式。持续盈利可以保证你生存下去，所以你的盈利模式极其重要。

盈利模式就是企业赚钱的渠道，即通过怎样的模式和渠道来赚钱。厘清你的盈利模式，需要回答以下几个问题：

第一，你的产品卖给谁？一定要找到你的核心客户群是谁，没有找到之前，不要轻易创业，因为如果你的产品连卖给谁都还不知道，那谈何收钱呢？

第二，你凭什么向客户收钱？你能为客户创造什么价值？这个问题要回归到上文提到的产品设计。你的产品越能够解决客户的问题，那就越容易畅销。"一手交钱一手交货"解决的就是这个问题。向客户收钱，首先问问你的产品是否具有价值。

第三，市场空间有多大？不要期待一家企业独占一个行业。这样的事情，连互联网巨头阿里巴巴都不敢想。你要想的是，你能从一个巨大的蛋糕中分得一小部分就可以了。

第四，你可以跟客户收多久的钱？如果你跟摆地摊一样，每天的生意只靠运气，吃了这一顿可能没有了下一顿，那就不算是一个好的生意。

第五，你的成本会有哪些？成本是你必须考虑的，做好成本预算，并进行成本控制，才能让你的利润最大化。

第六，如何增加你的净利润？ 很多时候，成本是固定的，所以要增加你的利润，就要提高你的收入。提高收入，可以从增加客户数量、提高产品单价和增加客户的购买次数等方面入手。这又跟产品的价值有关。

厘清了你的盈利模式再开始创业，可以让你百战不殆。

解决你的创业资金问题。 很多人都有这样的困惑：我想创业，可是我没有钱，怎么办？

确实，没有钱，创业寸步难行。但在这个世界上，除了用自己的钱创业之外，还有一种方法，那就是用别人的钱创业。

投资者无处不在，关键是你如何打动他们。

第一，你可以创建自己的团队。 如果你没有钱，那你要有想法，设计好产品、盈利模式，组建团队，相信凭这些你可以打动投资者。

第二，用技术入股。 如果没有资金，那就练好技术本领，让自己成为这个领域的佼佼者，那时有钱的创业者会找到你，和你合作。

第三，可以先从小本生意做起。 有很多行业都是可以从小生意开始的。如果你钱不多，可以先用小钱去创业。

创业资金真的很重要。也许你刚开始很有钱，但一旦资金链断了，你的企业可能就要面临倒闭，所以一定要考虑资金的问题。

找到合适的创业伙伴。 一个篱笆三个桩，一个好汉三个帮。古有刘备、关羽、张飞桃园三结义，共谋复汉大业；今有马云带领"十八罗汉"创立阿里巴巴。现在，很难靠单打独斗去完成一项伟业，所以你必须找到适合你的创业伙伴。

什么样的人是合适的创业伙伴呢？根据我的经验，我认为有以下几点：

第一，价值观要一致。两夫妻在一起，如果价值观不一致，都有可能离婚，创业伙伴更是如此。所以合作之前，一定要对创业伙伴的价值观进行充分了解。否则，在创业的过程中再发现不适合，会导致你创业失败。

第二，与你互补。与你互补包含两方面：第一，能力互补。在一个团队里，只能有一个领导，其他人都听他的。所以如果你是个领导力很强的人，那你就不要再找跟你一样有着强烈领导欲望的人，否则你们肯定会发生冲突。第二，资源互补。例如，你的优势资源是技术，那你应该找一个营销资源比较强的人和你搭档。

第三，性格、人品、素质好。这些要素没有统一的判断好坏的标准，你可以从这些方面去观察一个人。但我找合作伙伴，绝对不能在人品上有问题。

万事开头难。如果我们能够在创业前期做好上文提到的这5项准备工作，那创业成功的概率就大大提高了。接下来，最重要的事情就是怎么针对产品进行营销推广。在这里，我就不展开阐述了。

创业是一件冒险的事情，但它会给你意想不到的收获。如果你不满足于现在的生活，那你可以给自己一个创业梦想。想好了，就行动吧！

Part 6

优势：
如何快速打造
你的核心竞争力？

如何度过裸辞后的尴尬期

在三茅人力资源网上，我看到这样一个案例：

> 我就职的上一家公司不大，主要是做玻璃幕墙业务的。我在那里工作了一年，一点成就感都没有，经常会感觉很无助。工作上遇到困难了，没有人可以请教。再加上工资不高，所有我想到大一点的公司去锻炼。
>
> 后来，我离开了这家公司。
>
> 裸辞之后，我用了半个月时间去旅行和放松自己，然后就开始找工作。现在，我已经找了一个月的工作，还是没什么起色。社保一直停着，有时我甚至怀疑自己的能力。临近年底，过年回家不知道该如何面对亲朋好友。
>
> 请教大家，你们是如何看待裸辞的？陷入了冲动裸辞后的尴尬期，该怎么办呢？

很早之前，我就想写一篇关于转行或裸辞的文章，但一直没有时间。现在终于忙完了，坐在电脑前，我一口气写完了这篇文章，希望对准备裸辞的朋友有帮助。

看到上面这个案例，我想起了以前面试过的一个人。

这个人，是一个内部员工介绍来面试的，应聘公司的售后工程师岗位。他30岁，中专毕业，已婚。他之所以给我留下深刻印象，并不是因为他在面试的过程中表现得有多优秀，而是因为他过往的经历，实在是令我咋舌。

从他的简历和口述中得知，他18岁开始工作，至今已换了11份工作。可谓是一年一换。

刚毕业的时候，他做的是广告喷漆学徒，做了不到一年，觉得广告喷漆对身体不好，就辞职回家待了两个月。

钱花得差不多了，他就又出来找工作。由于只有广告方面的工作经历，口才不好，又没有其他技能，他只能去做保安。做了9个月的保安，工资不高，还要上夜班，他实在受不了，就又辞职回家了。

过完年，他又出来找工作了。他不想做保安，要养活自己，只能去工厂应聘普工岗位。做了半年，他受不了工作的枯燥乏味，就又辞职了。辞职之后，他根本就不知道靠什么来养活自己。后来，他去了一些娱乐场所做保安。接下来，他又去做了装配等工作。之后，他回家又待了半年。

经家里人介绍，他跟着熟人去工地做水泥工。可是风吹日晒让他苦不堪言。之后，在家人的帮助下，他结了婚，有了小孩。他家人还出钱让他去学维修技术，希望他能够有一技之长。学了半年之后，他进了一家公司做了一年的售后维修工作。

我之所以叫他来面试，是因为他的维修工作经历还算符合公司的岗位要求。可是面试过后，我发现他的技术跟一个刚刚毕业的人差不多，这与他的年龄完全不符合。所以我跟他说，公司可以录用他，但是工资会稍低。他听了之后，说要考虑一下。最终，他还是没有过来。

其实我心情有点复杂，不是因为他没来，而是因为他还没有认识到自己的问题所在。我知道，他的生活还是会像以前一样度过，工作一年一换，一辈子都在找养活自己、养活家庭的工作中度过。

现实生活中，有太多的人都存在他这样的问题：

人生完全没有职业规划，找工作完全凭着自己的喜好，哪个工作舒服做哪个；

完全没有积累工作经验，今年做技术，明年做销售，后年做行政，换职业如换衣服；

内心完全没有坚持，工作上遇到问题就逃避，遇到压力就放弃，以为换了工作就变好了；

个人完全没有核心竞争力，跳槽后还是只能做同样的事情。本以为跳槽可以解决问题，却发现还是会遇到同样的问题，所以就永远跳槽下去。

曾经有个人事总监告诉我，她跳槽的次数为两次。一次是为了寻找自己的职业定位，一次是为了今后的发展。

刚毕业的时候，她并不能确定自己未来的职业方向，所以她做了一些尝试。由于很了解自己，她尝试的时间很短，很快就找到了自己的职业定位。第二次跳槽，是她在一家公司做了7年之后。在这7年里，她在这家公司从专员升到了经理。在第七年的年中，一家猎头公司打电话给她，说有家公司想请她去做总监。为了得到更好的发展，她答应了，但是她希望能够休息1个月。毕竟7年来，她没有好好休息过。她想给自己放松一下，以便更好地冲刺下一个7年。那家公司也同意了。

就这样，她实现了自己职业上的跨越。跳槽对她来说，只不过是一次职业上的跨越！就算裸辞，我相信她也能很快找到自己理想的工作。

对于裸辞的朋友来说，如果你遇到尴尬期，说明在职业发展过程中，你肯定存在短板。要么是个人的工作经验积累不够，要么是个人能力上的不足，要么是没有核心竞争力，要么是野心与能力不匹配，要么是坚持力不够。**你今天的尴尬，都是你昨天没有职业规划、没有坚持、没有打造自己的核心竞争力造成的。**

这些你没做到，裸辞后你将永远遇到尴尬期

有自己职业规划、有核心竞争力的人，永远不会遇到裸辞的尴尬期。就算裸辞了，他们也能随时找到发挥自己价值的平台。所以，要避免裸辞的尴尬，应该做到以下几点：

找到能够真正为之奋斗一生的职业。很多人之所以一年一换工作，而且是更换不同的职业，就是因为没有找到真正适合自己的职业。职业的发展具有积累性，一年一换，等待你的永远是换。而且，随着年龄的增长，让你尴尬的事情会越来越多。你有可能与毕业生抢工作；你有可能而立之年还在为找工作发愁；你有可能还在为那少算的几十块钱的工资跟薪酬专员吵个不停。

沉下心来积累自己的工作经验。好工作不是找出来的，而是被别人挖出来的。我们经常听到很多朋友被挖过去做经理了，被挖过去做总监了，工资比以前翻了一倍。他们凭什么被挖？职业的工作经验是他被挖的首要因素。你想成为被挖的人吗？那你怎么也要在行业里至少稳定地待个 5 年吧？

打造自己的核心竞争力。有自己核心竞争力的人，根本就不需要担心裸辞。现在企业招聘存在的问题是招不到合适的人，可是却也有很多人说，现在找工作真难。这是因为企业招聘要求和求职者能力之间存在着差距。很多人还远远达不到企业用人的标准。如果你有企业需要的核心竞争力，根本不愁有空窗期。你的简历刚挂到招聘网上，马上就会有人打电话给你了。面试之后，马上要你上班。就算等你一个月，他们也愿意，哪里还会

有尴尬期？

当你成长了，裸辞与骑驴找马任你选

有时候，你不是没有能力做好一件事，而是在你的能力还没有成长起来之前，你就放弃了。试想一下，许多人都是从一个啥都不懂的大学生走过来的，为什么有的人在 5 年内做到了中层，而有的人却依然处在底层？这是因为在 5 年里前者将自己的能力培养出来了，而后者则不能。他们比其他人更快地成长起来了。所以，还是要回到上面提到的几点：找到自己的职业规划，潜下心来扎扎实实地在一家公司做几年，不断学习，遇到问题的时候不要轻易放弃。当你成长起来的时候，裸辞与骑驴找马的选择也许就不复存在了，尴尬期也就离你而去了。因为将有无数的机会等待你选择，而不是别人选择你！

长得好看是职场优势吗

有一次我跟朋友聊天，聊到了一个话题：一个人长得好看，对他的职业发展有多大的影响？

针对这个话题，我们展开了激烈的讨论，下面把我的观点跟大家分享一下。

从事那么多年的 HR 工作，我面试过的人无数。我招聘过不少"高富帅""白富美"；也招聘过很多"矮穷矬"。所以，从我招聘进来的人中，根本就看不出外貌在我的用人观里，是重要还是不重要。

其实，外貌在我的眼里，只是一项标准，并没有重要或不重要之分，要视岗位情况而论。也就是说，如果外貌对这个岗位的业绩有影响，那它就很重要；如果影响甚微，那它就不重要。这就跟沟通能力一样，对一个需要经常与人沟通的岗位而言，它是重要的，但对于那些仅需跟机器打交道的岗位而言，它就显得不那么重要了。

企业用人永恒的标准是符合岗位的要求。一家企业决定聘用一个人，肯定是希望这个人进来后，能够完成招聘岗位的工作任务。这是第一要素，其他的都是次要要素。

不看颜值，看岗位

综观企业的所有岗位，毫无疑问，有一些岗位对外貌是有要求的，比如前台，比如销售。其实从某种意义上来说，人都是"外貌协会"的。我们跟一个人交往，首先都会看这个人的外在，这就是第一印象。这决定了我们会不会继续跟这个人深入交流下去。所以，对于销售岗位来说，在很多老板的眼里，颜值有可能就是这个岗位的用人标准。例如，一些卖化妆品或者销售对象是男士的销售岗位，一个漂亮的女孩子和一个长得一般的女孩子去做，效果可能就大不一样。这些岗位重视颜值，也是可以理解的。

对于一些研发类岗位，颜值就没那么重要了。

我有个朋友就职的公司，研发岗位的人相对难招。但是这家公司的老板偏偏是"外貌协会"的，很多岗位，都要求招高颜值的人。刚开始，我朋友还可以理解；但慢慢地，他觉得，对于研发岗位，关键是看他的技术水平，看他能不能研发出新产品，颜值高不高跟能不能研发出新产品关系并不大。所以他去找老板沟通，建议研发岗位不要那么看重外貌。他跟老板说了很多，最后调侃道："我们招这个人进来，又不是看他舒不舒服，是看这个人能不能做事。这又不是娶老婆、嫁老公。"经过一些沟通，他的老板也慢慢接受了他的说法。要知道，研发工程师候选人本来就很少，如果还看外貌，恐怕永远都招不到人了。

所以，用人的标准是能更好地完成岗位任务，不需要过于纠结颜值高还是不高。

颜值高≠形象好

很多人都有这样一个误区：颜值高就是形象好。要走出这个误区，让我们先来看看"颜值"的定义：颜值表示人物颜容英俊或靓丽的数值，用来评价人物容貌，男性和女性皆可用本词形容。再看看"形象"的定义：从心理学的角度来看，形象就是人们通过视觉、听觉、触觉、味觉等各种感觉器官在大脑中形成的关于某种事物的整体印象，简而言之就是知觉，即各种感觉的再现。

无论二者定义如何，有一点非常重要：形象不是事物本身，而是人们对事物的感知。不同的人对同一事物的感知不会完全相同，因而其客观性受到人的意识和认知过程的影响。由于意识具有主观能动性，因此事物在人们头脑中形成的不同形象会对人的行为产生不同的影响。每个人对美丽和丑陋的认识都不一样。在你的眼里是丑陋的，在别人眼里也许是美丽的。正所谓："萝卜白菜，各有所爱。"

颜值不等于形象，颜值只是形象的一个要素。个人的打扮、行为举止、笑容谈吐等都是形象的内容。如果一个颜值很高的人，行为怪异、不善打扮、性格孤僻，那也很难和"形象好"联系在一起。

长得好看，也有弊端

很多时候，如果企业招聘人才只看外表，恐怕这家企业离倒闭也不远了。有些岗位确实需要注重形象。但我相信做招聘的人，肯定不会单纯看外貌，如果是，也只不过是想锦上添花而已。如果一个人既能够把工作做好，同时颜值高，形象好，那么何乐而不为呢？

在工作中，我们经常会遇到这样的情况：这个岗位不要年龄大的；这个岗位不要个子矮的；这个岗位不要穿着暴露的，等等。其实，这些情况归结起来都是同一个要求：这个岗位不要形象不好的。在我看来，这可能过于偏颇。不管这个人是颜值高还是颜值低，只要符合这个岗位的要求，符合用人部门的要求就好。

　　一个人长得好看其实也是一把双刃剑，因为会让人过分关注你的外表而忽视了你的能力，甚至对你的能力要求更高。否则，其他人就会认为你是一个花瓶。在职场，更重要的是要不断提升自己创造价值的能力，让别人看到你的实力才是正道！

关于升职的建议清单

　　我的一个学员小 Y，毕业 5 年了，在目前的公司工作 3 年了，岗位是人事专员。

　　在刚入职的时候，小 Y 领导问她："你未来的职业规划是什么？"

　　小 Y 说，希望能够在这个岗位上，通过自己的努力，打好基础，然后在两年后，升职为人事主管。

　　领导说："这个没问题，只要你做出业绩，公司肯定会为你提供这个机会。"

　　于是，小 Y 高兴地入职了。

　　刚进公司，小 Y 就迅速进入了工作状态，超出领导期望地完成了试用期工作，提前转正。在第一年，小 Y 获得了"优秀新员工"奖。第二年，小 Y 依然工作勤勤恳恳，业绩突出。

　　很多同事纷纷议论，小 Y 工作业绩那么突出，今年肯定会被提升为人事主管，因为公司目前没有人担任人事主管。可是，公司并没有关于小 Y 升职的消息，只是给她加了工资。

　　时间就这样一天天过去，小Y在这家公司做了3年了。领导告诉她，她表现很好，可是对升职却只字不提。

　　想想这么多年，自己那么拼命付出，最终还是无法得到公司的认可，小Y有了辞职的冲动。可是转念一想，自己那么努力，却得不到自己最想要的东西——升职，小Y又有点不甘心。

　　就这样拖了几个月，小Y终于下定决心要离开这家公司了。当她向领导提出来的时候，她的领导极力挽留她；可是当她提出来要升职的时候，她的领导却放弃了。很快，公司找到了她的替代者。最终，她离开了这家公司。

　　离职后，她想去找人事主管的工作，可是没有相关经验的她，最终被一家家企业拒绝了。

　　最终，在面试了十几家企业无果之后，她不得不接受了一家公司人事专员的岗位。因为她生活遇到了困难，她必须马上工作。

很多人的迷茫，往往始于升职的不顺。

　　当你不能升职，加薪的可能性就很低了。除了一些技术岗位和销售岗位，大部分的岗位的薪资，都是跟岗位职级的高低挂钩的。

　　当在一家公司没有升职，对大部分人来说，也很难通过跳槽来获得升职。因为几乎所有的企业，在对外招聘管理岗位的时候，都希望你有相关的管理经验。

　　很多时候，你没有升职，你就没有成长的机会，也就很难形成核心竞争力。从案例中小丫的情况来看，专员所接触的知识、能力都只是一个点。只有升到更高的职位，才会有机会接触到全局的东西，锻炼更系统的能力。这样，核心竞争力才会形成。

　　成功升职，是一个人打造核心竞争力最好的方式。因为这意味着你能够获得更多的资源，让你变得不容易被替代。

如何成功升职

升职不是一件你做好本职工作就能达成的事情，它不是 1 加 1 等于 2，而是受很多因素的影响。**升职是一件因人因地因企业因岗位因行业因环境不同而不同的事情。**它没有固定的标准，但总的来说，想要成功升职，我有以下建议：

具备一定的工作年限。工作年限是升职最重要的一个条件。很多公司在招聘的时候，都会写上岗位要求工作多少年。一般来说，主管岗位会要求 2 ～ 5 年，经理岗位会要求 6 年以上（大公司会要求 8 年以上）等。对比一下你的工作年限，看看你升职得是否太慢了。

提升个人能力。个人能力的强弱跟升职会有很大的关系。一般来说，有两种人比较容易升职：一种是在自己的本职岗位上做出了卓越的成绩的人；一种是在管理方面能力突出的人，例如有较强的领导能力、组织协调能力、沟通能力、胆识等。在一家企业里，所有岗位可以分为 3 个层级，分别是领导层、管理层、执行层。每一种层级所需要的能力都不一样。我把所有的能力按照思维、影响、执行 3 个维度进行分类，则可以将 3 个层级所需的能力分类如表 6.1 所示：

表 6.1 各层级能力模型

层级	维度		
	思维	影响	执行
领导层	全局思维、前瞻思维、经营思维、放权思维	领导能力、统筹能力、感召能力	规划布局
管理层	归纳思维、演绎思维、逻辑思维	人际理解、关系建立、培养人才、监控能力	收集信息、分析判断、组织协调
执行层	问题思维	合作精神、服务意识	沟通能力、抗压能力、解决问题、关注细节、快速行动、学习领悟

按照上表，一个优秀的执行者，需要具备自信、问题思维、合作精神、服务意识、沟通、抗压、解决问题、关注细节、快速行动、学习领悟等素质和能力。

如果你想晋升到管理层，则不仅要具备执行层所需的能力，还需要具备归纳思维、演绎思维、逻辑思维、人际理解、关系建立、培养人才、监控、收集信息、分析判断、组织协调等素质和能力。

当你想要晋升的时候，这个能力模型就能为你提供成长的方向。

成为上司不可或缺的左右手。毫无疑问，你的升职跟你的上级会有很大的关系。往往公司的内部升职，如果能够得到上级的推荐，会让你升职得非常快。所以，平时一定要把上级交办的事情尽心尽力做好，同时展现自己的管理才能。等时机到了，你的升职机会就来了。

> 我有一个朋友，他刚进入一家房地产公司的时候，是做市场专员。那时，他们公司市场部只有两个人，一个是他，一个是他的经理。每一次参加展会的时候，他都能够独当一面地完成任务，从不用上级操心，这让上级很依赖他。
>
> 后来，由于表现优秀，经理升了市场总监。他的经理在升职之后，也将他提拔为市场主管。

成功升职不得不知的秘密

也许你有这样的经历：你很努力，却始终无法得到升职；那个比你能力还差的人，却因为公司改制，意外地当上了部门的负责人。职场升迁的现实就是这样，对于你来说，除了具有相应的能力之外，还需要知道一些升职背后的秘密，才能让自己的升职更加顺利。

有时，无论你多努力，都不会有升职的机会。以前我在公司上班，所有人的升职审批都会经过我。其中，有一条签批的标准是：公司的组织结构里，有没有设置这个岗位。如果没有，那就有可能不会被批准升职。有些部门比较小，可能就几个人，岗位设置是经理加专员，在这种情况下，公司会觉得没必要设置主管岗位。这时，无论你多有能力，多么努力，恐怕都无法获得升职。

如果你遇到了这种情况，建议你赶紧离开，因为你永远没有发展机会。

升职因行业、岗位不同而不同。 升职往往会受到行业和岗位的影响。例如销售岗位一般看业绩，你达成了业绩，往往就可以升职。但像医生、教师这样的职业，升职就会非常慢。所以选择职业的时候，一定要了解自己想要什么样的生活，再选择相应的职业。如果你想升职快，那就不要选择医生、教师这些职业了。

别让屁股决定脑袋的思维害了你。 在企业里，我们经常会遇到这样的同事：你叫他帮忙做事，他说，这不在我的工作范围；领导给他安排了超出他工作范围的事，他就抱怨，他这么忙，凭什么还给他安排这么多工作。

这就是屁股决定脑袋的思维。有这种思维的人，往往只会做自己的本职工作，只要不是他职责范围的事情，统统不会干。在"不在其位，不谋其政"的思想观念影响下，他们学会了"只扫自家门前雪，哪管他人瓦上霜"。但这样的思维，恰恰害了他们，因为他们可能永远都得不到升职的机会。

我刚从事人力资源管理工作的时候，主要负责招聘业务。工作很忙，但领导总会叫我帮忙去做培训方面的事情。我本可以拒绝或者随便应付，但我觉得这是一个难得的机会，所以不管自己多忙，都会尽力去做好它。

我不断利用这样的机会去锻炼自己，很快就掌握了人力资源管理的全盘工作，成长非常快，很快就被提升了。如果我只局限于做招聘，也许我就不会得到升职的机会。

你要相信，你的努力付出，总会以你希望的方式回报给你。

如何成为公司的中高层管理者

不久前，朋友 K 和我讲了他职场升职的故事。

几年前，K 还是一个人力资源主管。不满足现状的他，一直在谋求向中高层发展。

他深知自己有很多不足，可是随着经验的增长，他觉得自己是时候要升到经理岗位了。

有一天，总监找他谈话。总监说，他已经和老板申请，准备将 K 提拔为经理。

听了之后，K 挺开心的。但总监告诉他，希望他能够先试着去担负经理的职责，3 个月后，公司再发布正式任命通知。

K 点头同意，相信自己会顺利通过考核。

可是中间出了一些状况。那时，正值中秋节来临，公司要举办一个游园活动，在办公场地举行，由 K 来全权负责。

K 轻车熟路地做好了各种准备工作。其中，有一项任务是要布置游园现场，让大家感受到节日的气氛。

由于事情太多，K 想尽快把事情做完。所以，在中秋节的前 3 天，在工作时间内，K 就安排下属着手布置游园现场。快布置完的时候，总监从外面回来了。

他看到之后，脸色马上大变，将 K 叫到了办公室。

"现在全公司都在全身心地投入工作冲业绩，上周老板在会上要求我们一定要全力支持业务部门的工作。虽说你现在做这个也是为公司的活动做准备，但是你提前 3 天就把公司装饰起来，一方面让别人觉得人力资源部好像闲着没事干一样，整天折腾这些东西；另一方面，提前 3 天装饰，让人感觉好像快放假了，要放松了，问题是现在大家都在努力干活。"总监等 K 坐下来，就批评了他一通。

这让 K 毫无反击之力。

"你现在不再是主管的身份。做主管的时候，你可以一个执行者，但一旦做了经理，你就必须懂得，你每做一件事，都需要考虑这件事做了之后对公司会有什么影响。不过，你也才刚被提拔为经理，以后要走的路还很长。我也会把自己的经验教给你，让你尽快顺利地从主管向经理转变。"总监还是很看好 K 的，只是这件事 K 确实做错了。

那天，总监和 K 聊了很多，也让 K 学了很多关于做好人力资源经理的不为人知的奥秘。

经过那次谈话，K 做事老练了很多。3 个月后，他终于顺利通过考核，当上了经理。

从主管向经理晋升，对很多人来说，是职业发展的坎；从经理往更高层发展，更是难上加难。

我以前当了两年的主管，就被提拔为经理。被提拔后，我才发现自己在很多方面不适应。比如：做主管的时候，只需做好自己的事，但做经理却需要考虑整个团队；做主管的时候，需要很专业，但做经理后更需要和各部门负责人和公司领导沟通；做主管的时候，只需要把事情做好，但做经理却需要把事情做对。

中高层的关注点是组织的业务绩效链，而不是你做的事情。你需要斡旋于各个部门经理之间，让他们更好地配合你的工作。这个时候，你的工作需要具备较高的管理能力、人际交往能力，需要做到内方外圆，一个只会做事的人是做不好经理或者高管的。

从我自己和朋友的经历来看，每个人在通往晋升的路上，都会走很多弯路。我相信如何更快更好地做到公司的中高层，是很多职场人士都关心的问题。在这里，我想分享一下我的经验和教训，希望可以帮助大家。

要在一个行业内深耕细作多年。在一家公司，中高层人员大部分都已经是这个领域的专家。所以，要做到公司的中高层，你首先要让自己在这个领域达到专家级别。在前面的章节，我们讲了如何成为某个领域的专家。而成为专家，需要你在一个行业内深耕细作多年。

企业都喜欢忠诚的人。做过招聘的人都有这样的经历：翻开一份简历，首先会看的是候选人在上一家公司的工作时间长短及参加工作以来跳槽了几次。如果一年内换几份工作或者不断地换行业，就可能会将他的简历放进不合格之列。为什么？除了稳定性之外，还有一个重要的考量因素是，只有在一家公司或一个行业待的时间足够长，他的能力和经验才有可能积累起来。要吃透一个行业，至少要 5 年。**忠诚意味着丰富的行业经验。**

成功的职场人，往往都会度过一段在一个行业或公司深耕细作多年的岁月。人人都想要顺利往上爬，职场人总要经历一段深耕细作的岁月。这段岁月，就是成就你未来的事业基础。

懂得考虑做事的时机。管理既是科学，也是一门艺术，但更多的是艺术。

管理没有标准，它往往会因人因时因地因事因情不同而不同。所以，管理者做任何一件事情，都要考虑做这件事的时机。就像我的朋友 K 一样，本来他提前布置场地，是一种执行力强的表现，但是时机未到，就变成了"好心办坏事"了。作为中高层，除了严格按照规则办事之外，还要懂得根据公司不同的管理情景来灵活变通，才能真正达到管理的目的。

先做人后做事。所谓会管理，就是会做人。当你升上中高层，你最重要的事情就不再是执行了，而是学会做人。

做人很抽象，说白了就是懂得和各个部门的负责人、公司领导打交道，让别人认可你的为人。当你和别人的沟通交流很顺畅的时候，你的管理工作就能顺利进行了。

我认识一位做技术的研发主管，在公司待了 10 年了。后来，他被公司提拔为研发经理。他是一个不喜欢和别人沟通的人，只会埋头做事，所以和别的部门经理交流甚少，导致研发工作经常延期。

在公司会议上，他说话时经常不顾及别人的感受，导致得罪很多人。久而久之，大家对他的工作都不认可了。其实，他在主管岗位做得很好，可是升到经理岗位后，由于工作重心发生了变化，导致他难以胜任。公司正处于高速发展期，他负责的研发部门，明显跟不上公司发展的步伐。最终，他在今年又被降职为研发主管了。

当你升上中高层，先别急着埋头做事，可以多走出你的办公室，和各部门的负责人多沟通，让他们多了解你。平时有时间，多和他们一起吃饭。当和人沟通顺了，你做事也就顺了。

从全局出发，考虑各种后果。 升上中高层后，你不能只考虑个人，而要考虑整个团队。你须从团队的和谐发展出发，去处理事情。

我有一个朋友，他曾经是公司的税务主管。他的下属只有一名税务会计，其他会计和出纳由财务总监直管。

凭着优异的业绩和出色的工作能力，他被提拔为财务经理，而成本会计和出纳等，都成了他的直接下属。

有一天，税务会计和成本会计发生了矛盾，错在税务会计。税务会计仗着自己以前是我朋友的下属，和她的关系比较好，以为我朋友会帮她，结果我朋友还是按照公司规章制度处理，严厉批评了她。

这件事也让我朋友在下属中树立了威信。

学会从全局出发，考虑你所做的任何一项决策会产生的后果后再去做。同时，要学会一碗水端平，这样才能让你快速树立威信，做好管理工作。

这个世界没有垃圾，只有放错位置的宝贝

几年前，我曾经开过一个关于面试的讲座。在那里，我遇到了一位在校大学生。

那天，我站在讲台上分享，发现一位同学躲在角落听我讲。他听得很认真，时不时点头。

在互动环节，我请这位同学上来回答一个问题，可是他很不愿意。我知道，有些人不喜欢暴露在大众面前。

课后，他主动找了我，我才知道他叫姚伟。

我问他："为什么不愿意上台来分享？"

他说："我是一个很内向的人，不敢站在台上，不会说话，怕被别人笑话。"

我朝他点点头，没有回答他。

他看着我，马上又说："我很讨厌自己是一个内向的人。我也想让自己变得外向，可是感觉很难。"

我说："性格没有好坏之分，内向也挺好的。"

他说："一点也不好。我觉得内向的我很没用。你看你叫我上台分享，我都不敢。如果我也能够像你一样勇敢自如地在台上分享，那该多好！"

听他这么一说，我知道他太过低估自己了，把内向的自己看得一无是处。

我转了一个话题，问他："那你想过毕业之后做什么工作吗？"

他说："我很想从事记者这份职业。"

听他这么一说，我跟他开玩笑，说："我现在跟你说内向好，估计你也不会相信。等你做了记者之后，你会发现，内向或许就是你的优势。不信的话我们打个赌，如果我输了，我免费给你做演讲的培训；你输了，就请我吃顿饭吧！"

他没想到我会这么说，跳了起来，说："太好了！"

后来，我们分开了。随着时间的推移，我也慢慢把这件事淡忘了。

突然有一天，姚伟给我发了一条微信，说他现在在一家传媒公司做记者了，而且在入职当年就被评为"新锐记者"。

我向他表示祝贺。

他说："刘老师，我请你吃饭吧！"

我说："为什么请我吃饭呢？"

他说："你忘了我们的赌约了吗？我认输了！以前我总不喜欢自己的内向，总以为内向会阻碍我的发展。其实，内向让我更能做好记者这份职业。在采访的时候，我能做到外向，但是本质内向的我，由于总喜欢安静，不喜欢应酬，所以有了更多的时间去思考和写稿子。我写的新闻稿、评论稿总能得到公司的推荐。我现在越来越喜欢内向的自己了！"

我为他的改变而开心。

是的，**这个世界上没有垃圾，只有放错位置的宝贝。**

每个人都可以成功，只要他找到适合自己的平台和岗位。

很多人会说，我分析了很久，发现自己全是缺点，没有任何优点。其实所谓"缺点"，只不过是你放错了位置的优点而已。

有段时间，一个年轻的小女孩来到我公司找我给她咨询。一坐下来，就跟我说她很自卑，不相信自己，有社交恐惧症，怕别人嘲笑。她抱怨自己身上全是缺点。

我说："你举个例子看看。"

她说："我觉得自己做事挺慢的。"

我说："如果你是在做质检工作，做事慢就是你的优点。"

她恍然大悟。

缺点和优点是相对的，没有绝对的优点，也没有绝对的缺点。在你眼里是缺点，在别人眼里可能就是优点。对于爱说话的人来说，如果你是做销售工作的，那爱说话就是你的优点；可是如果你做的是技术类的工作，那爱说话就未必是你的优点了。

每一种被我们定义的缺点，可能都是我们待开发的优点。换一个角度，你会看到不一样的自己。

晏子使楚的故事，大家都非常熟悉。晏子身材非常矮小，齐国派晏子出使楚国。楚王知道他身材非常矮小，为了羞辱他，下令把城门关闭，在城门边挖了个狗洞，想让晏子从狗洞里爬进来。晏子一看就说："如果我访问的是狗国，我就从狗洞里爬进来。"楚王一听，只好下令把门打开，迎接晏子进来。楚王一看到晏子，就想羞辱他，说："齐国是没人了吗？才派你过来？"

晏子不慌不忙地说："我们齐国有个规定，一般访问大国，全派高个子去访问，小国才派我过来。"楚王无言以对。

晏子凭着自己的过人才智将自己的缺点转化为优点，维护了自己和国家的尊严。

其实，我们也一样，在很多人看来是缺点的东西，只要善于利用，就可以成为我们与众不同的优点，并且有可能转化为我们的职业优势。

在很多人看来，不喝酒的男人，很难在社交场合呼风唤雨，这是不折不扣的缺点。可是张艺谋却视不喝酒为自己的优点。他认为正是因为自己滴酒不沾，才拍出了这么多经典作品。张艺谋是个不喜欢应酬的人，他觉得应酬会花去他大量的时间。在很多人看来，不应酬的人很难有朋友，其实通过应酬交到的朋友，大多是价值不大的朋友。因为有求于别人你才会去应酬，当酒席过后，手机中的号码可能就再也没拨过。你不如花时间去学习，去提升自己，当自己强大之后，你的朋友会越来越多，而且都是有价值的朋友。

在一次采访中，周杰伦曾说过自己不喜欢搞人际关系，因为这会浪费他大量的时间，他宁愿把时间花在创作上。因为这样，才成就了他的歌坛地位。现在和他结交的朋友，要么是明星，要么是上流人士。试想一下，如果周杰伦把大量的时间花在社交上，而没有时间去创作，那么，他根本就不可能有现在的成就。

众所周知，宋小宝是赵本山最得意的弟子之一，长得又矮又黑。在外人看来，他是一个很普通的人。对大多数人来说，黑是一个缺点，但是宋小宝却用他的黑打造出了一种喜剧特色，让别人一看到他这张脸，就特别想笑。所以他演喜剧，大家都爱看。

你的缺点，也许就是你的特色；你的特色，也许就是你的优势。不要因为别人的眼光就轻易地改变自己的特色。

缺点，也是放错地方的优点。

这个世界上，没有垃圾，只有放错地方的宝贝！愿你找到属于自己的更多的宝贝！

如何让你的缺点变为优点

能够将缺点转化为优点的人，都是内心强大的人，说明他已经不把别人所认为的缺点当回事了。将自身的缺点转化为优点，需做到以下几点：

自信，承认并接纳缺点的存在。 很多时候，你越刻意去隐瞒自己的缺点，它就越不可能成为你的优点。也许在很多人看来是缺点，但是如果你的内心足够强大，接受自己缺点的存在，那么这个缺点就不会影响你的生活。自信、承认并接纳自己缺点的存在，是让你的缺点变为优点的前提。

　　为你的缺点寻找一个理所当然的理由。 那些自信的人，往往会告诉自己和别人，他身上任何的缺点，都有其存在的理由。

　　我有一个朋友，在他30岁的时候，已经秃顶了，很影响形象。但是他总是跟别人说，秃顶说明他快要当领导了。他并不把秃顶当成自己的缺点。那么，他如何把秃顶当成自己的优点？他索性把自己的头发剃光，给自己一个锃亮的脑壳。久而久之，别人就认为他是一个有领导智慧的人了。

　　发挥缺点的力量。 当你有别人认为是缺点的"缺点"时，除了要自信，为这个缺点寻找理所当然的理由之外，还需要发挥缺点的力量。比如，对于一个做销售的人来说，内向可能是缺点，那么内向可以转化为优点吗？当然可以，比如内向的人更细心，对客户更能感同身受等。如果你能够发挥内向的力量，那么内向就转化为你的优点了。

不够优秀，你是否足够独特？

　　管理学上有个二八定律：一家公司80%的业绩，是由20%的员工创造的。这意味着，能够创造卓越的，永远是极少数人。你在这20%的员工里的排名越靠前，那你的价值就越大。排在第一名的，永远可以享受最高待遇。但第一名只有一个，对90%的人来说，可能永远也做不了第一名。对于你来说，要想脱颖而出，如果做不了第一名，那就做独特的自己。

　　做独特的自己，更容易建立你的优势，构建自己的核心竞争力，让你变得不可替代。

在我的人力资源职业生涯里，曾经历过一次重大的裁员，是由我来主导完成的。

裁员的对象，是四川分公司的全体员工，需要从50人裁减到20人。

在确定裁员方案的时候，根据相关法律规定和原则，我们很快确定了大部分的被裁人员。

可是有两个人，我们却左右为难。他们分别是售后部的P和销售部的W。

他们来公司都已经两年了。我查了一下他们过去一年的绩效考核情况，P排名第四，W排名第六，都很优秀。

按照优胜劣汰的准则，W应该被裁掉。可是当我把这个建议跟公司领导说的时候，他却否定了我的建议。

原因是W是公司唯一一个既懂技术又懂销售的人员。过去一年，如果不是他，恐怕公司的业绩会更差。下一年公司所有销售都要往技术型销售转型，对公司以后的发展而言，W更重要。

就这样，比W绩效更好的P被裁掉了，而W留了下来。

原来，不够优秀，你还可以足够独特。

优胜劣汰是企业亘古不变的用人准则。现在市场竞争非常激烈，没有谁能够保证自己长期稳定地在一家企业工作。如果你未能建立自己的独特优势，那么你很可能会在市场的变化中被企业踢出局。

几年前，我去参观一个画展。

在那个画展上，我看到了两个画家的作品。这两个画家，一个是擅长模仿名家的T，一个是只专注画自己所感兴趣的素描画的R。

T的作品真的模仿得惟妙惟肖，引得在场参观者发出阵阵惊叹：这画模仿得真像！

而 R 的作品，却少有人关注。也许在不少人看来，这些作品还缺少沉淀。

我问 R："以后你会创造出自己的风格吗？"

R 说："我会延续现在这样的风格。我相信未来会有越来越多的人喜欢我的画。"

毫无疑问，R 会永远坚持自己的独特风格。

两年后，我在一个画展上，看到一群人在围观一幅画。这是一幅静物素描：木桌上摆着一本书，放着一个笔筒，笔筒上放着很多笔，书的下面压着一张报纸，报纸旁边有一个苹果。很简单的一幅画，但画面非常有质感，立体分明，界线清晰。我看了之后，感觉这些物体像活的一样。

后来我才知道，这是 R 的作品。

我在整个画展上逛了几圈，想找出 T 的作品来，但始终找不到。后来我问主办方，才知道由于 T 模仿的名家早已不出名，他的画作也不再受欢迎。

很多时候，就算我们做到了第一，如果不够独特，我们所取得的成绩很可能也不会长久。

不争第一，只做唯一。真正的优势，是建立在你的独特之上的。由这样的优势形成的核心竞争力，才能让你的职业发展获得持久的动力。

成龙曾说过："我不想做第一，我想做唯一。"成龙承认："就武行来说，李小龙最强。你不能说我比李小龙强，不可能这么说。"

一直以来，成龙都坚持自己独特的风格。他说："走人家的路很容易，但是我永远走跟人家不同的路，小时候起即是如此。"所以，当所有人拍《警察故事》那一类影片的时候，成龙就去拍《A 计划》；《A 计划》大获成功吸引其他人跟风的时候，他又另辟蹊径去拍别的类型的电影了。

　　你会发现，在娱乐圈能够长久红下去的人，都是那些坚持自己独特性的人。比如周星驰的喜剧，周杰伦的唱法，张学友的歌声。

　　一个人越独特，他的价值就越大，也更容易持久地生存，因为没有人可以替代他们。很多人在 40 岁的时候被淘汰出局，就是因为没有在 40 岁之前，建立起自己唯一的核心竞争力。

　　也许很多人会说：想了很久，我发现自己没有一点独特之处。无论是身高、样貌、学历还是能力，我都是一个普通人。

　　普通人没有自己的独特之处吗？

　　艾琳·凯迪说，每一个人都是独立的个体，独一无二，无法复制。既然你来到这个世界，一定会有你存在的道理。所以，你不必妄自菲薄。每个人都有自己的独特之处，而且你的独特之处，必会成为你潜在的优势。只要你活出自己的独特之处，具有坚定的目标，你就一定可以有自己的一片天地。

　　通往山顶的路越往上越难走。也许，站在山顶可以感受一览众山小的豪情，但在山底也一样可以感受拥抱大山的情怀。不要重叠在别人的身影里。就算没有站在山顶，一样可以拥有山脚下的旖旎风光。

　　不要让任何人告诉你要成为怎样的人。做与众不同的人，就是你的核心竞争力。我们无需事事争第一，只需找到自己的独特之处，让自己成为唯一，就可以变得不可替代。

　　真正能让你变得不可替代的，是你的独特性。

　　在职场中，你不仅需要优秀，更重要的是，你需要保持足够的独特性！想想你在职场中，是否找到了自己的独特性？你的唯一性是什么？也许你现在普通无比，但只要你没有放弃挖掘自己的独特之处，那你一定可以建立自己的核心竞争力，成长为最强大的自己！

扇叶模型：如何发现你的优势

在面试的时候，求职者经常会被问到一个问题：你觉得你的优势是什么？

听到这个问题，大部分人都会思考很久才可以回答。有些人根本就答不上来，最终尴尬地说："我不知道。"

你真的没有优势吗？其实未必。每个人都有自己的优势，只不过是从未真正用心去发现而已。

我曾遇到过一个朋友。在我遇到他之前，他还在为自己的人生方向而苦恼。

"刘老师，我觉得自己好像真的一无是处啊！看了你的书，才知道要按照自己的优势去找工作。可是你看看我，高中学历，没有一技之长，背景一般，真的不知道我要做什么才能成功！"他见到我，就跟我抱怨他的平庸。

"你觉得你内心特别愿意做的事情是什么？"我问他。

"赚钱！"他不假思索地说，说完笑了笑。

"除了赚钱呢？"我继续引导他。

他想了很久，摇摇头表示没有。

"你工作也有一段时间了，你往工作方面去想。"我给他限定了范围。

他突然眼珠一转，说："我觉得自己特别愿意和别人沟通。"

我点点头，说："这或许就是你的优势！未来你的人生方向可能要用到这些优势。"

我没有给他太多建议，希望他能够从自己的优势去思考未来的路。

就这样，我们分开了。

一年后，我们又相遇了。他见到我，没等我开口，就滔滔不绝说了起来。他的口才明显比一年前好了很多。这个朋友告诉我，他现在已经是一家公司的营销主管，管着几个下属。

朋友说，之前他根本没想过沟通能力是他的优势。现在想起来，他没学历，没背景，没有一技之长，真正算得上优势的，就是擅长沟通了。当他确定了这点，就把所有精力放在沟通能力的训练上，让这个优势越来越明显。

就这样，我的这个朋友从一个不知道自己优势在哪里的人，变成了一个优势明显的人。

你不是没有优势，而是忽略了自己的优势。

要找到自己的优势，你必须了解以下几点：

优势是相对于你自己而言。很多人寻找自己的优势，总喜欢与别人比较。这是很多人犯的最严重的一个错误。确实，你比别人强的地方才是你的优势，但对大部分人来说，如果一味地和别人比较，那可能真会觉得自己一无是处，永远让自己处于平庸之中。就像上文提到的我的朋友一样，如果他总想着自己的沟通能力比别人差，根本就不是他的优势，那他永远都没有机会建立明显的优势。

优势需要比较才能显现，但比较的对象不是别人，而是自己。了解你自身所有的能力与相对突出的特点，那些你觉得相对较强的能力、较丰富的资源等，就是你的优势。

优势并不是一成不变的。也许你找到的优势，对别人来说，不值一提。比如你的优势是书面表达能力，对于那些作家来说，你的书面表达能力就不是优势了。但是，幸运的是，优势并不是一成不变的。它可以因时因地因人而变化。也许刚开始时你的优势很不明显，但只要你努力提升自己，它就可以变得越来越明显。

你的优势必须跟你的主业相符才能发挥作用。太多人浪费了自己的优势，因为他们根本就没有利用它。

　　我的一位朋友是一名教师，这个职业对他来说，就是一份稳定的养家糊口的工作而已。他的优势是写作，但是他并没有因此而成为作家，因为他把几乎所有的时间，都花在了教学上。当你的优势离你经常做的事越来越远的时候，它就变得越来越微弱，直至不再发挥作用了。

如何发现你的优势

　　接下来，我们进入如何发现自己优势的环节。在这里，我提供一个挖掘优势的模型给大家，我叫它"扇叶模型"（见图6.1）。

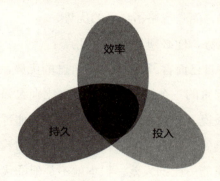

图6.1　扇叶模型

　　效率。在实际工作中，你会发现，有些事情你可以做得很快，有些事情却做得很慢。比如，由于产品质量问题，客户向你投诉了，你不用3分钟的时间，就跟客户沟通好，然后取得了他的谅解。但是有些人，接到客户投诉之后，首先会思考很久，然后把那个投诉单压在桌子上，等第二天过来后，再拿起电话和客户沟通，客户自然不会满意。这种情况下，服务意识就是你的优势。再比如，当领导叫你写一个通知，你却不知道如何下手，半个小时才写了100个字，很明显，写作就不是你的优势。

　　效率高是优势的第一大特征。效率高不仅表现在你做得快，同时表现在你能够通过优势，更快更低成本地获得你要的结果。

持久。优势的第二个特征是持久。持久表现在你可以持续地表现卓越。昙花一现的事情都不是你的优势。比如，你有一次在写报告时发现了一些别人发现不了的错别字，但这时还不能说"细心"是你的优势，只有在几十次上百次的报告中，你都能做到没有错别字，那"细心"才是你的优势。

投入。投入是优势的第三个特征。凡是能发挥你的优势的事情，你都会特别愿意投入时间、精力去做。因为它会给你带来满足感和成就感。而满足感和成就感，能够给你带来巨大的动力，让你自动自发地投入其中。

对比以上几个特点，看看你是否具备这些特征的交叉点，它就是你的优势。

当你找到你的优势，你的职业才有了可以依托的一技之长。做自己最擅长的事情，你才能真正打造自己的核心竞争力，立于不败之地。

关于如何打造核心竞争力的建议清单

在大学刚毕业的时候，我曾经不知道该如何让自己在企业里变得重要，直到遇到了我的第二个领导。她是一位 40 岁出头的女性。

有一天，当由于我的疏忽而造成部门工作拖延的时候，我被她叫到了办公室谈话。

说实话，我做好了被她辞退的准备，但她没有。她只是跟我聊她对应届生的看法，以及她是如何从一个懵懂无知的大学生一步步走到目前这个位置。

那天下午，她谈了很多。直到现在，我们谈话的很多内容我都忘了，但她有一句话让我至今难忘并受益，这句话是：**如果你想在企业里真正做到被人重视，有所发展，你必须为企业创造超出你薪水 3 倍的价值。**

这句话的关键词是"价值"，我们在企业里面能够获得晋升，就是因为我们能够为企业创造价值。

我们之所以能够得到企业的重视，是因为我们对企业来说是有巨大价值的。当我们没有价值的时候，就离被辞退不远了。当我们谈建立核心竞争力的时候，其实就是谈提高我们创造价值的能力。**建立核心竞争力，一定要紧紧围绕"价值"这个词。**想想我们能够为企业创造什么价值，并且一定要让自己不断增值，创造更大的价值，才能真正建立起自己的核心竞争力。

为了提升自己创造价值的能力，我做了很多事情。关于如何建立核心竞争力，我有以下建议：

找到适合你的人生战略。首先你要确定你的人生战略。就像企业要有发展战略一样，个人一样要有自己的人生战略。你要学会放大你的格局，看到你的未来，才能够在竞争中走得更加从容。

人生战略一般有三种：

第一种是优势领先战略。大家知道谁的职业发展是用这种策略的？没错，他就是人生导师李开复。

李开复在大学里确认了自己的人生方向。他选择了与计算机有关的事情作为他一生的目标。李开复在攻读哥伦比亚大学计算机专业并顺利毕业后，继续深造，直至后来去了美国卡内基梅隆大学攻读博士学位。然后，他做到了谷歌全球副总裁。再后来，他自己创立了创新工场，其实都离不开他的优势——熟悉计算机。

第二种战略是差异化战略。差异化战略就是你要学会扬长避短，找到你跟别人不一样的地方。使用这种人生发展战略的有谁？没错，他就是大名鼎鼎的明星周杰伦。

在上小学的时候，我听过周杰伦的歌，但是那时候觉得挺难听的，因为听惯了港台明星那种字正腔圆的唱法。但是后来，周杰伦还是慢慢走红了。他的饶舌、吐字不清、中国风成了他成功的关键。

其实，对于每个人来说，都有自己独特的地方。比如宋小宝，大家应该知道，刘德华对他的评价是每次看到他就想笑。他长得不高，而且又黑，每次上来演小品就先咧嘴露齿一笑，这是他的经典动作，但是大家就喜欢他这一点。在很多人看来，又矮又黑可能是缺点，但用对了地方就是优势了。

这就是差异化战略。想想你跟大众有什么不一样的地方，把它扩大。

第三种战略是专一化战略。这个比较好理解，就是专注于某个领域。有哪些人是采取这个策略的？百度的李彦宏。

他从大学毕业后就一直研究搜索引擎，他创立的百度也一直做搜索。但是，李彦宏做多样化是不行的，比如他花了 200 亿做百度糯米，却竞争不过美团。

还有一个人是乐嘉。乐嘉曾经在一次演讲中，说他只做性格分析。他现在所做的所有的事情，都是为了宣传性格分析。

不同的人生发展战略，决定了你要做哪些事情。大家可以想想自己的人生应该采取什么发展战略才会比较好。

我的人生战略是专一化战略。我用很多年的时间，去寻找能够让我做一辈子的事情，最终确定了这件事在职业生涯规划与个人成长领域。

我觉得专注于这个领域，可以让我的价值更大化。

做好你的定位。人生需要定位。定位，其实是一个商业竞争中的词语。它是指致力于在消费者心目中占据一个独特而有价值的位置。比如立白洗衣粉，"立白立白，一洗就白"。它的定位就是清洗污渍。定位清楚了，才能够影响消费者。对于个人来说，定位就是"标签"。

很多名人都有自己的标签，比如"论语专家于丹""内地喜剧之王黄渤"等。

如果想在竞争的过程中获胜，你就必须找到自己的人生标签或者定位。如何找到你的定位呢？举个大家都熟知的例子。

在酒店的竞争中，一般有哪些关键的要素呢？有家具、价格、舒适度等。调查一下你周边的酒店，看它们在哪些要素上最强，哪些最弱。比如它们在环境、家具、舒适度等方面都很强，但价格稍高，那么你可以在价格上比它们低，但如果其他要素也不比它们差，你的酒店的竞争力就会很强。所以，你的酒店的定位就是"经济型酒店"。

大家可以想想，在你所在的行业或者领域，哪些人是做得最好的，看看他们做了什么。他们已经做的事情，你就不要去做了。他们没有做的，你就将它做到极致，那就成功了。**定位的本质是：我能够竞争过你的，我就和你竞争；竞争不过你的，我就不和你竞争。**

在还是一个职场小白的时候，我听过很多老师的课程。看着他们在台上分享自己的专业知识，我告诉自己：总有一天，我也会站在上面，而且我会比他们做得更好。

事实上，我总在研究自己与他人的不同之处，并试着将它放大。通过这些努力，我找到了自己的定位。

当你找到自己的定位，你的价值会瞬间增大。

学会聚焦，提高解决问题的能力。每一个人，其实都有长处，但是很多人都喜欢把精力放在自己的短处上，所以心态就会很消极，整天向别人抱怨。

我有一个学员，他刚认识我的时候，经常会跟我抱怨说："刘老师，你看我什么都没有，能力又差，学历又不高，家庭背景又不好，我该怎么办？"我说你也有自己的优点，只不过你忽略了。比如你向我抱怨了那么多，说个不停，说明你口才挺好的，可以去做销售，但你一定要改变自己的心态。后来他听了我的建议做了销售，做得挺好。

大家记住一句话，你的焦点在哪里，你的能量就在哪里。专注于你的所长，你的长处就会越长，因为你会持续地去锻炼它。

聚焦还可以聚焦于别人的痛处。不是要你去挖苦别人的痛处，嘲笑别人的痛处，而是要你学会帮助别人解决他们的痛处。大家知道，现在做老板最痛苦的事情有哪些吗？做老板最痛苦的事情有两件，第一是现金流，第二是招人，现在很多企业招不到合适的人才。如果你能够帮助老板解决招人的问题，那你肯定大有前途。所以，现在的猎头很受欢迎啊！大家想想，你能够帮助哪些人解决他们的痛处？如果你帮他们解决他们晚上睡不着觉都在想的事情，你就真正建立了自己的核心优势。

拥有一技之长，能够为别人提供服务或者帮助别人解决问题，这是你在这个社会的立足点，也是你构建自己核心竞争力应该去努力的方向。

Part 7

思维模式：
出局 OR 出众，由你自己决定

思维模式如何决定你的命运

我是一个唯物主义者，曾经不相信什么能够决定一个人的命运的说法，直到去年，我在外地做了一次演讲。

在演讲的过程中，我跟学生们进行了一个互动。我需要5位同学站上讲台，进行一个为时3分钟的自我介绍，台上的同学可以充分利用这3分钟时间展示自己。

马上就有3位同学冲上了讲台。接下来的1位，是在我的催促下走上来的，还有最后1位，则是在同学的欢呼和怂恿下，很不情愿地走上了讲台。

随后，他们都用自己的方式向大家介绍了自己。唯一的不同是，主动走上讲台的同学，讲得都很多，而被别人逼着上来的同学，则寥寥几句话，甚至还忘了介绍自己的名字。

我问他们：是什么驱使你们走上讲台的？

大家的回答各异，但那3位更加主动的同学所表达的大体的意思是，今天对他们来说是一个机会，他们想抓住这样的机会尽情地展现自己，让更多的同学了解自己。而最后一位上来的同学则说，其实他是被逼的，他并不是很想上来，因为他觉得当众讲话是一件让他恐惧的事情，所以他尽量避免这件事。

面对同样一件事情——登上讲台，大家的思维和做法都不一样。不同的思维，造成了不同的做法；不同的做法，决定了不同的结果；不同的结果，造就了不同的人生。

原来，思维模式真的可以决定一个人的命运。

面对走上讲台这件事，不同思维模式的人，会产生不同的看法。乐观者会把走上讲台当成一次享受，一次展现自我的机会；而悲观者则会当成一次煎熬，把讲台当成让自己出丑的地方，当成自己的阻碍，严重者会责骂那些把他们推上讲台的人（见图7.1）。

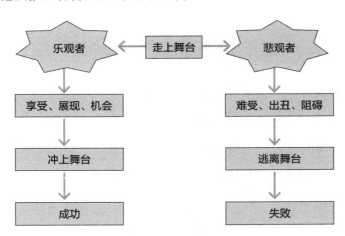

图 7.1 乐观者和悲观者对上台这件事的不同看法

这个世界上阻碍你走向成功的，绝不是困难、挑战，也不是那些你无法改变的出身、外貌，更不是那些别人给予你的嘲笑、打击，而是你的思维模式。**世界上所有的事情都不会阻碍你，只有你的思维模式会阻碍你。**

美国心理学家埃利斯，创建了著名的情绪ABC理论。埃利斯认为，让人们产生某种情绪的直接原因并不是客观事件，而是主观认识和评价。同样的事件，由于主观认识、评价不同，产生的情绪会大相径庭。因此，导致一个人行为反应和情绪反应的根本原因，不是事件本身，而是他对事件的看法、想法、解释、评价，归根到底是他对此类事件的信念（如图 7.2 所示）。

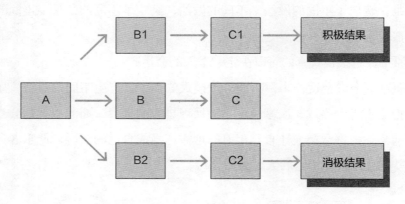

图 7.2 情绪 ABC 理论

在这个理论中，A(Activating events) 表示诱发性事件或者外在环境，B(Beliefs) 表示个体针对诱发性事件或外在环境产生的一些信念，即对这件事或外在环境的态度，C(Consequence) 表示个体产生的情绪和行为的结果。

通常，人们会认为诱发事件或外在环境 A 直接导致了结果 C，但事实上，在原因 A 和结果 C 中间，还有一个 B。这个 B 如果是理性的、积极的信念和态度 (B1)，人们就会得出合理的、积极的结果 (C1)；反之，这个 B 如果是非理性的、不合理的、扭曲的信念和态度 (B2)，人们就会得出不合理的、消极的结果 (C2)。

也许，你曾经有过这样的经历：刚进公司的时候，同事会交给你很多杂事，领导对你也不客气，有什么事情都会先找你来做。同事请长假了，领导第一个想到的是你去把活接下来。于是，你不得不加班加点去完成。

面对这样的状况，你心里会想：这完全是欺负我这个新人嘛！于是，你越做越恼火，越做越觉得窝囊，差错不断，自己心情也不好。慢慢地，你也就讨厌了这家公司，而领导也觉得你不适合这家公司。最后，你选择了离开。

然而，也有人把做杂事当作和同事交流的机会，所以和同事打成了一片；把领导交办的事情当作锻炼，所以增长了工作经验。

有些东西，只有你亲身实践了才能成为你的经验，如果你挑三拣四，注定成长不起来。当你增长了工作经验之后，你的价值也就增加了。因此，多做事有时未必是吃亏，反而是你的机会。盯着付出，你才会成长；盯着回报，你就永远与平庸为伍。所以，同样的事情，不一样的思维，就会有不一样的结果。

更换思维四步骤，养成成功者思维

上面跟大家谈到了不同的思维方式对人们的影响。很多时候，我们无法成为更好的自己，往往是因为思维方式比较消极。接下来，大家可以拿出笔和纸，跟着我做一个练习。这个练习，可以让大家迅速走出消极的思维方式，成为自信的人。

第一步，熟练运用情绪 ABC 原理。 如果在当众讲话的时候感到很紧张，那么你就要了解是哪些不合理的思维方式、信念导致了你紧张。例如，你紧张，可能是你把说话当成了出丑，所以一旦面临登上讲台的情境，你就会紧张。在这里，你必须要弄清楚为什么会变成这样，怎么会发展到目前这个样子，弄清楚不合理的信念与自己的情绪困扰之间的关系。所以，你必须熟练运用情绪 ABC 理论的基本原理。

第二步，从当下寻找问题的根源，而不是过去。 你必须明白，你之所以一遇到当众说话就紧张，并且延续至今，不是由于早年生活的影响，而是由于现在你自身所存在的不合理信念所导致的。

第三步，认清有关紧张的信念的不合理性，进而放弃这些不合理的信念。 这是最重要的一环。很多人的不合理的信念是根深蒂固的，无法很快放弃。

例如，把当众讲话当作出丑。要改变这个信念，可以问自己3个问题：第一，是否别人都在等着看你上台出丑？如果你的答案是否定的，接着问自己下一个问题。第二，要不要在你的身上贴上"我即将出丑"的字条？如果你的答案是否定的，问自己最后一个问题。第三，我走上讲台就会出丑是不是真的？我相信只要你能够把这3个问题想清楚，你一定会豁然开朗！

第四步，持续更新思维方式。持续不断地更新思维方式，并坚持21天，相信你会看到意想不到的成果。

以上方法适合任何一种不良行为的纠正。只要你有毅力，我相信你很快会蜕变成一个超级自信的人。因为只有人的思维模式的转变，才是真正的转变！

接下来，让我们一起来看看，有哪些思维模式在阻碍着你的发展。希望你能够用上文提到的方法，将这些思维更换掉，从而成长为更强大的自己。

要成长，必须改变这三种思维

一天，我的一位员工找我，说他再也不想在我的公司待了，要求马上办理离职手续。

我问他为什么。他说："公司问题太多了，跨部门沟通太难，大家都不配合。要办成一件事太难了。隔壁部门的老王好像看我不顺眼，故意刁难我。这样的公司，我实在不想再多待半秒啊！"

我说："我可以断定你去了别的公司，还是会遇到这样的问题。"

他问："为什么？"

我说："第一，任何公司都会存在问题，因为外面的竞争环境千变万化，只要公司跟不上变化就会有问题；第二，没有问题的公司，你也没有存在的必要，因为所有人都是为了解决问题而存在的。"

我问他："你工作多久了？"

他说："工作7年了。"

我问他："那你工作这么多年，职业发展有什么变化吗？"

他想了很久，最终还是摇了摇头。原来这么多年，他一直在做跳槽的动作，能力一直没有提升，职业发展也停滞不前。

如果你要成长，你就必须要改变以下3种思维。否则，你将永远活在能力低下的状况中，要想过上你想要的生活，会非常困难。

错误思维一：把问题当作麻烦。也许你曾经讲过这样的话：这个领导总是给我制造很多问题，真是个麻烦的领导，以后都不想和他打交道；这个同事总是在挑我写的报告的刺，真是个令人讨厌的人，我真想远离他；这个客户真是挑剔，真是个麻烦的客户，我再也不想和他合作了。

如果你曾经有过这样或者类似的想法，那你就是一个把问题当作麻烦的人。

你是否知道，正是这些人的存在，才让你不断成长。一个麻烦的领导让你知道为什么他可以做领导，你只有解决了他提出的问题，你才有资格坐上他的位置；一个挑刺的同事让你知道，你解决了他的问题，才能做出来一份完美的报告；一个麻烦的客户让你知道，你解决了他的问题，你公司的产品在市场上才有竞争力。

面对问题，有的人把它当作麻烦，有的人把它当作机遇，不同的对待方式带来不同的结局。把问题当作麻烦的人，只会继续忍受问题；把问题当作机遇的人，则会去解决问题，从而让自己不再遇到同样的问题。就算遇到了，他依然可以从容地面对，从而让自己处于最有利的地位。

错误思维二：把所有问题都归结为外部原因。有些人在遇到不顺的时候，总喜欢把问题归结为外部原因。比如，人际关系不好，是因为同事不好，领导太挑剔；生活不顺利，是因为别人素质不高，总喜欢给自己制造麻烦；

工作不顺，是因为领导给自己布置的任务太多了。

当你习惯于把所有问题都归结为外部原因时，你就失去了提升自我的机会。因为一旦你觉得是外部的原因，你就会放弃去解决它的念头。你就会觉得，这些问题你解决不了，不关你的事。只要你遇到问题，你就会有一种"各人自扫门前雪，哪管他人瓦上霜"的思维。所以问题还是问题，而你，永远都是问题的旁观者。**当你成为问题的旁观者的时候，你也永远成了生活的旁观者。**旁观者是永远成不了舞台上的主角的。

遇到问题，先想想你是否可以去解决。如果可以，就全力以赴想办法去解决；如果不可以，也不要做旁观者，而要推动别人去解决。只有这样，你才能活成生活的主角。

错误思维三：遇到问题就逃避。很多人已经养成了这种习惯：面对问题，我惹不起，难道我还躲不起吗？当人养成这种惯性思维的时候，他就成了生活的弱者。

其实人一辈子，永远都会遇到各种各样的问题。没有问题就没有价值。客户有问题，你帮他解决了，你对他就有价值；公司有问题，你解决了，你对公司就有价值；家庭有问题，你解决了，你对这个家就有价值。

很多人面对问题，总是有畏难情绪，他们应对问题的方式就变成了逃避。而逃避意味着这个问题永远会跟着他。只有不断提升自己，去面对问题，才可以不断解决问题。当你能解决问题的时候，你的能力就提升了。当你的能力提升后，你就不会觉得这些问题是问题了。这是一个良性循环。问题永远存在，解决问题的方法永远都在。而你应多想一下要怎么去解决它。当你把问题当作机遇，当作挑战的时候，你会觉得问题是如此可爱。

问题就是你成长的机会。如果要给自己一个成长的机会，那解决问题就是你成长的开始。

你是为问题而存在的

　　小P是公司人力资源团队成员之一。在他刚进公司的时候，我就知道他有一个毛病：爱找理由。只是由于他的专业能力比较强，我才把他招进公司来。

　　进入公司之后，他工作时有犯错或者延期。

　　但他总能找到各种外部理由。例如：工作延期，是因为其他同事没有配合；招聘不及时，是因为别的部门不配合；工作开展不顺畅，是因为公司制度不完善。

　　当一个人完全把问题归结于外部原因的时候，说明他已经没有成长的空间了。

　　小P已经工作7年，可至今依然是一个专员的角色。我想这和他把一切原因归结于外部的思维模式有很大的关系。

　　当一个人总认为自己没有错的时候，他怎么会快速地成长呢？

　　在小P进入公司快3个月的时候，我告诉他，公司不适合他，希望他辞职。其实真正原因是他的思维方式。

　　我一直信奉的职场原则是：一切工作没有做好或者没有完成的原因，都是因为你自己。

　　爱找理由，会让你遇到以下职业发展障碍：

　　障碍一：不能掌握主动权。有些人会抱怨领导不主动找他探讨工作上的问题，而从不会主动找领导解决问题。姑且不论领导是否应该主动找你探讨问题，先设身处地想想，你身处一线，你发现的问题肯定比你的领导要多，那么你为什么不主动找领导探讨呢？如果事事都等领导来主动找你，那你就麻烦了。一个不主动的下属，是最不合格的下属。领导的事情比较多，很多事情，都需要你来推动，而不是等着领导来推动。

当你变成一个被动的人的时候，你的职业发展主导权也就交给了别人，何谈掌控自己的命运呢？

障碍二：找理由不做，而不是想尽办法解决问题。当你把公司制度不完善作为你工作难开展的理由时，你会竭尽全力找更多理由来推脱不做事。在小P刚进公司的时候，公司曾经要他推行绩效考核制度，可是他总说公司人还不多，业务不稳定，现在推行绩效考核会阻力重重，目前还不是时机等。

当你不想做的时候，你就可以找出很多理由来不做。相反，当你想做一件事情的时候，你同样可以找出很多理由来做。因此，遇到问题，你不应逃避，而应想尽办法去解决。

障碍三：你的成长会非常慢。爱找理由的人，成长往往会很慢。就像小P一样，他所做的每一件事情，都希望领导来指派，这样他就不用为事情担责了。就算犯错了，也是别人的错。久而久之，他就成了职场中的局外人。

比如，在工作中，招聘不及时，如果小P从自己身上找原因，他肯定可以想出很多解决的办法，例如扩大招聘渠道、加大招聘力度、和用人部门一起商量解决之道等。但如果他不断找理由，那他肯定懒得去想这些办法。如此一来，他的成长就变得很慢了。

障碍四：得不到别人的认可。爱找理由的人，往往会把责任推给别人，自然而然地，他也就得不到别人的认可。俗话说，做事先做人，如果你在公司里得不到别人的认可，那你也没有办法长期待下去。

在与领导、同事、下属沟通的过程中，你要敢于把责任揽到自己的身上，敢于从你自己身上找原因。慢慢地，你会发现，你得到的，远比你失去的多得多。

没有人可以在职场中孤军奋战，唯有共同协作，才能把一件事做好。而要得到别人的帮助，你就需要得到别人的认可；要得到别人的认可，你就要做一个多从自己身上找原因的人。

作为一名职场人，如果你想让自己快速成长，必须认清以下两个事实：

第一，你必须要非常清楚，进入一家公司，从来都是你去适应公司，而不是公司来适应你。任何一家公司都有问题，否则就没有你存在的必要了，你来公司就是要解决问题的。所以，不要总是抱怨你的工作开展不顺利是因为公司问题太多了。

第二，任何人，都会存在问题，但只有正视问题，才能解决问题。爱找理由的人，永远解决不了问题。

成功的人找方法，失败的人找理由。

你有什么样的理由，就有什么样的人生。

"耗职场"这笔账，怎么算都是你吃亏

一年前，曾经有一个朋友问我一个问题：他现在的位置在公司不上不下，可是公司也没说对他不满意。短期之内看不到发展的希望，要不要在公司耗下去？他希望公司炒掉自己，这样也可以获得一点赔偿金。我告诉他，如果你想继续穷下去，继续平庸下去，你就继续耗，直到你拿到那点赔偿金；如果你想让自己变得更好，就赶紧离开，就算没有那点赔偿金。**那点赔偿金，赔不起你消耗的青春。**

很多人，都有一颗"耗职场"的心。

所谓"耗职场"，就是在公司既不努力工作，也不辞职，虚度时间，享受"舒服"，安于现状。他们往往不喜欢改变，惧怕变化，得过且过。殊不知，耗着耗着，耗掉了青春，耗掉了上进心，最终耗掉了自己的一辈子。

优秀的人，从不惧怕改变，当觉得在当前的平台无法发展的时候，他们会主动把自己炒掉，即使公司挽留。

我的一位朋友小L，在一家国企当销售助理快两年了。两年来，他的业绩一直处于中下水平。

这家公司很少炒人，除非员工犯了很严重的错误。

就这样，小L在公司总算过得轻松。他也面临很多问题：他的工资两年来没有增长过，经验没有增加多少，升职更是奢望。

其实，小L对这些问题也心知肚明，可是他就是"舍不得"这份清闲和那点工资。

耗着，成了小L职场生存的哲学。

可是，耗着真的可以让你生存下去吗？也许暂时可以生，但长久却未必可以存。

就像小L，可以预见，如果他继续在这家公司待下去，几年后，他依然是一个助理。就算年轻的时候他可以养活自己，可是30岁以后呢？40岁呢？也许到了那时，他想留下来的机会都没有，因为企业会主动把他炒掉。

当你不主动把自己炒掉的时候，总有一天，企业会主动把你炒掉。**耗职场这笔账，怎么算都是你吃亏！**

有很多员工，绞尽脑汁想从公司得到点什么，例如上班的时候，做事能少点就少点，这样自己就赚了，毕竟以做最少的事赚了最多的钱。这是很多人的"职场发展经济逻辑"。但其实亏的是你自己！你亏在哪里？接下来我为你一一分析：

你不是在为老板打工，而是在为自己打工（职业成长账，你亏）。人生最怕一个"混"字！抱着混的心态，看似取巧、轻松、没压力，然而却在不知不觉中混掉了激情，混失了口碑，到头来混得黄粱梦美一场空！优秀的人，总能把任何事情做得尽善尽美。只要他们在岗位上一天，就不会虚度光阴。要么不做，要做就要做到最好。

你从事一份工作的所有习惯、思维一旦形成，就会影响你下一份工作。假如你对这份工作采用敷衍了事、拖延等态度，久而久之，就会形成习惯，那么下一份工作你也依然会采用这种态度。而且，你用这种态度对待工作，对你的工作经验积累和能力提升没有一点好处。

耗着，什么都不做，看似轻松，却无法让你获得职业的长期发展，而这对你来说才是最大的亏损。因为你无所事事，错失了最好的经验积累机会。假如你现在的岗位是专员，你出来找工作依然只能找专员的岗位。这样一来，你的水平永远都在专员的水平，那你的工资肯定不会大涨。但是，如果你能够通过努力，做到主管的岗位，你得到的比你失去的要多得多（长期下去）。也许你可以舒舒服服过几年，但你可以舒舒服服过一辈子吗？所以混下去这笔账，你实在亏得很厉害！

你不主动改变，总有一天会被改变（掌控命运账，你亏）。你不主动改变，终有一天，你会被改变。那时，你就失去了对自己人生命运的掌控权。

几年前，我曾经在一次演讲培训中遇到一位公务员。

在那次培训中，我是自己交了钱去学习的。所以我学得很认真，但是那位公务员却在课堂上倒头就睡。

待他醒来，我开玩笑地说："还有人花钱来睡觉啊！"

他听了，微微一笑，说："又不是花我的钱，都是单位要求我来的，我对这些课没有兴趣。"

原来又是一位被逼学习的人。我开玩笑说："你单位福利真好！不学习以后万一离开了怎么办？"

他一听，说："我单位挺稳定的，而且领导很看重我，我不会离开体制的，不用怕！"

俗话说，你永远叫不醒一个装睡的人。一个不愿学习的人，你永远别奢望他改变。

那次培训之后，全班同学建了微信群。

他时不时会在群里聊聊天，晒晒自己的幸福生活。也许在他看来，稳定、舒适、无忧无虑，确实是幸福的生活。

有一天，他在群里发了一条消息，说他失业了。

我觉得纳闷：公务员怎么可能失业？一问才知道，原来他单位改制，精减人员，很不幸，他被裁掉了。他从多年的稳定生活，一下掉到了竞争激烈的深渊，不知道自己还有没有活下去的机会。

这个世界没有一成不变的稳定。现在市场竞争激烈，国家也鼓励事业单位与市场经济接轨，连医生、大学老师，都要去行政化。当竞争力低下的时候，迟早有一天你会被变化的洪流冲掉。

面对变化的环境，唯有接受变化，主动求变，让自己变得强大，你才无所畏惧。

轻松是小利，发展才是大头（长远发展账，你亏）。真正对自己负责的人，不会贪图稳定、轻松、没压力，因为这只会让你变得越来越平庸。假如你不能够在公司有所发展，或者觉得领导不够认可自己，你应该反思一下，你为什么会落到如此地步？是你不够厉害还是你自己出了问题？找出解决问题的方法，寻找适合自己的出路，才是你应该做的事情！

世界上最愚蠢的投资，就是用自己的时间，去投资那些所谓的稳定和轻松。

有些稳定和轻松，不会让你过得更好，只会毁掉你！

毕淑敏说："人生中最重要的变化，一定伴随着大的焦灼和忧虑。"当你感觉自己在虚度光阴的时候，不妨做一个敢于炒掉自己的人。也许，这些改变会让你感到阵痛与不安，但你会发现，当你勇敢地踏出第一步的时候，你的生命会因此而变得豁然开朗了。

花若盛开，蝴蝶自来！把心思花在自己的成长上而不是贪图轻松无压力，也许有一天，你就不会再有这种"混"的想法了！到了这一天，你才真正成为掌握自己人生的主人！

你为什么总是害怕拒绝

我曾经接到过一封学员的邮件。

他是一名工作了两年的会计。经过两年的积累，他觉得自己的经验积累够了，加上目前的公司发展空间有限，他决定辞职去寻求更大的机会。

陆陆续续投了一些简历后，就有不少公司约他去面试。他也如约而至。

刚开始他信心爆棚，相信很快就会找到比原来更好的工作。慢慢地，他发现，很多 HR 会问他很多问题，大家聊得也挺开心，可是最终却杳无音讯。一个月过去了，他面试了 10 家公司，却没有接到一家公司的Offer。

他开始怀疑自己：是不是自己的能力不行了？是不是自己还不够厉害，所以没有公司愿意接受自己？

我看了他的邮件之后，和他取得了联系。我让他把简历发给我，顺便了解一下他过往面试的公司的情况和面试的情况。

终于，我知道了为什么他面试了那么多家企业，却没有一家愿意给他 Offer 的原因。在他参加的面试中，不是所应聘的岗位和他以前的经历相关性过低，就是工资要得特别高，超出了该岗位的正常水平。

其实，以我对他的了解，他是完全能够胜任类似他之前岗位的工作的，但如果想跳到全新的岗位，他就未必能够胜任。但这并不代表他的能力不行。

那些企业都拒绝了你，不是你不够厉害，而是你不合适它而已。不自信的人都很容易把别人的拒绝当作对自己的否定，从而让自己陷入不断的自责当中，苦苦不能自拔。

在工作和生活中，被人拒绝的情况太多。

小N和小D都是做销售的，平时拜访陌生人的机会非常多。其实做销售被人拒绝再正常不过了。有一天，他们两人出去推销产品，回来后小N很开心，而小D则一脸愁容。问他们今天的情况，小N说："今天我收获太大了！拜访了很多人，虽然他们大部分人都拒绝了我，可能是我们的产品不大适合他们。但是我很开心，因为我也收获了几个潜在客户。以后我一定要和他们成交！"而小D则说："今天的客户都拒绝了我，肯定是我哪里做得不好。要么没讲好，要么对产品不熟悉。"于是，小N每天都开开心心地出去，而小D则愁眉苦脸，每天都很不开心。不久，小N出单了。而小D则因为害怕客户的拒绝，不敢和客户交流，所以根本就没有什么潜在客户。很快，他就离开了公司。

两个同时起跑的人，却因为思维方式的不同，最终命运迥异。

把拒绝归结为自身的原因，会导致一个人自卑。一个悲观者被人拒绝之后，就会认为这是他能力不行或者自身做得不好，所以拼命自责，从而导致情绪低落，结果变得越来越自卑，而这又巩固了他害怕拒绝的行为。一个乐观者被人拒绝之后，会觉得可能是自身之外的因素导致他人不接受，例如推销的产品可能不是客户需要的，或者客户还没有完全了解产品的优势。所以，客户只是拒绝了他的产品，而不是否定他这个人。这样的思维模式，会让人情绪非常平静。这样，就巩固了他不怕拒绝的行为。（见图7.3）

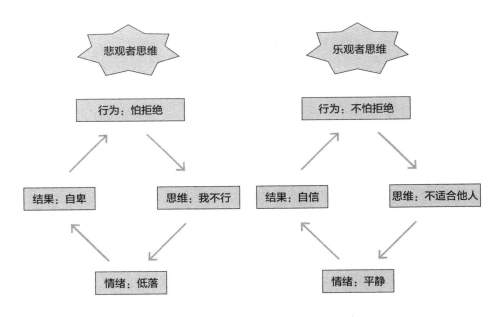

图 7.3 悲观者和乐观者思维差异

要让自己变得强大起来，不再害怕任何人的拒绝，在各种场合能够挥洒自如，自信沟通，你必须改变自己的思维模式。

3 种方法让你不再害怕拒绝

置换思维。既然成功者思维和失败者思维存在差异，那我们是不是可以通过置换思维，来实现从失败到成功的跨越呢？答案是可以的。很多时候，成功者有自信思维，而失败者有自卑思维。自卑和自信往往就在一念之间。很多自卑者在一瞬间能够爆发，就是因为在一瞬间，他的思维变成了自信者思维，他的行为变成了自信者的行为。所以，一个人是完全可以从自卑走向自信的。要做到不怕被人拒绝，就需要学会把拒绝归结为自身之外的因素而不是自身。例如，如果你跟其他部门的人沟通，想说服他接受你的方案，他拒绝了，你就要懂得，他拒绝你不是因为你不好，而是因为这个方案的某些方面触犯了他的利益，所以他拒绝了。相反，如果你认为他是在针对你，那你很快就会失去信心继续和他沟通。

学会感恩。有思必有行，有行必有果。感恩会让你收获积极的心态。

我曾经遇到过一个身体残疾的孩子，15岁。一个正处在花样年华中的孩子，生命遭受如此重大的打击，必然对他的成长产生很多负面的影响。他的母亲曾经担心，她的孩子会因为残疾而被学校拒绝。然而他很乐观，学习很勤奋。在那年初中升学考试上，他考了全县第一名。全县最好的高中录取了他。

面对这样一位特殊的"状元"，自然引来了众多媒体的关注。后来，他接受媒体的采访时说，他曾经怀疑过自己的人生，为什么别人都身体健全，而他却身体残疾？但后来他发现，这样的想法无济于事，反而会加速他人生的堕落。他随即深信：凡事发生必有其原因，并且有益于他。所以他要学会感恩，感谢上天给他的一切。他真的这样做了。

积极面对自己的不幸遭遇，会让人无所不能，即使被上天拒绝给予健全的身体，也依然可以拥有一颗健全的心。

做正确的事情。你的价值没有发挥出来，做不出业绩，得不到别人的认可，有可能是因为你的方向不对，你的目标不正确，或者你的期望过高。

任何一个人，只要找到适合自己的方向，就可以成为该领域的高手。如果你总是被人拒绝，被成功拒绝，说明你还没有走在正确的道路上。唯一的办法就是不断尝试，去找到你要做的正确的事情。

有一个人，他在21岁时做生意失败；22岁角逐州议员落选；24岁做生意再度失败；26岁爱侣去世；27岁一度精神崩溃；34岁角逐联邦众议员落选；36岁角逐联邦众议员再度落选；45岁角逐联邦参议员落选；47岁提名副总统落选；49岁角逐联邦参议员落选；52岁当选美国第十六任总统。

这个人就是林肯。因为他坚信上帝的延迟，并不是上帝的拒绝，因此他能屡败屡战，最终成就不凡。

方向对了，一切都对了。拒绝只是通往你成功顶峰的一个台阶而已。每一次拒绝，都应该让你更加相信自己：你又离成功更近一步了。因为每一段认真走过的路都不会白走，它终究会铺成你前进的阶梯，让你走得更踏实。当你真正找到了自己的方向，你便不会再害怕拒绝。因为拒绝对于你来说，都只不过是你人生中的沧海一粟而已。

钱少事多的工作，我为什么还要坚持

如果说，真有钱少事多、位低责重的职业，那HR绝对算其中一个。

每次跟HR同行交流，他们经常对我说的一句话是：拿着卖白菜的钱，操着当领导的心。

我听后，苦苦一笑，表示赞同，因为我深知HR本来就是这样一个职业。

我大学的专业是人力资源管理。高考时，因为我对管理感兴趣，就选了这个专业；毕业时，因对与人沟通感兴趣，我在销售和 HR 之间徘徊，因为不忍心放弃这学了 4 年的专业。最后，我毅然决然地投身 HR 的伟大事业中。

但刚毕业的时候，我并没有能够如愿从事 HR 工作。

我毕业后进入的第一家公司，是深圳一家"中"字头房地产建筑公司，岗位是管理干部。所谓"管理干部"，就是入职前 3 个月下基层熟悉业务，后 3 个月到各个部门去轮岗，最后再决定待在哪个部门、哪个岗位。

那时正好赶工期，经常需要在晚上施工。我刚好被分配到了运营部，领导告诉我要跟其他员工下工地，去了解业务。于是，上夜班就成了我的常态。工地很容易出事故，动不动就发生流血事件，出事了我就要帮着去处理。

那时，公司在不同学校总共招聘了将近 100 个应届毕业生，在我们学校招了 8 个，我是唯一需要上夜班的。

跟我一起来的同学问我，白天怎么总是没看见我。我开玩笑说，我被发配边疆了。

那段时间，我曾经想过放弃。原因有二：第一，没有做 HR 方面的工作（虽然后来公司答应会调到 HR 部门，但需看部门负责人的态度）；第二，无休止的夜班，让我很崩溃。

可是，我还是坚持了下来。一方面，刚毕业的时候，由于某种原因，我欠了别人一些钱，需要还债，我不是富二代只能靠自己；另一方面，我刚毕业没多久，没有其他工作经验，很难找到好工作。"第一份工作很重要"的理念深入我心。

一个人的发展就是这样，虽然有些事情你不喜欢，但如果你能够强迫自己去做的话，还是可以做好的。还好，我学习能力强，很多事情，我琢磨一下就会了。

半年后，我还留在运营部，但此时已经物是人非。跟我同校的 8 个应届毕业生，加上我只剩下两个人，另一个已经被派去四川分公司。

我跟公司提出申请，说想到人力资源部工作。其实，我已经跟人力资源部门经理提前沟通好了，他也想我过去。

运营部经理也想留我，说我干事比较踏实。但我表达了我的意愿，说我的职业规划就只是想在人力资源领域发展。

运营部经理妥协了，说支持我的职业发展规划。但我不得不面临薪资方面的调整：6个月试用期转正后，运营部运营岗位的工资是2800元，但有不菲的提成和奖金；人力资源部的工资是3000元，没有其他奖金。

我没考虑多久，就选择了去人力资源部工作。后来，有很多人告诉我：你会后悔的。我也确实后悔过，原因是，钱少事多，位轻责重。

先说事多。

调去人力资源部后，刚开始我做的是招聘、员工关系工作。去了之后，领导就开会对我们说，公司人力资源和行政在同一个部门，大家也不要分得太清楚，有什么重大活动，都要相互协助。

刚开始没什么感觉，反正大家相互帮忙嘛，自己也不吃亏。可是后来我发现，人力行政不分家，行政能做的事，人力也能做；人力能做的事，行政却不能做。

有一次，行政要举办公司运动会，人手不够，领导就叫我去帮忙。交给我的事，都是一些我比较擅长的，例如写方案、主持等，但这些工作都是要在我做完自己的本职工作之后才能去做的，所以那段时间我经常加班。熬过了运动会，公司的招聘量大增。我在想，终于可以叫别人帮一下忙了。这时，我却发现，行政真的帮不了我的忙。因为人力资源的入门还是有门槛的，不是任何一个人就可以做的，而他们从来没做过招聘，根本无法帮我。最终，我还是自己一个人扛了下来。

再说钱少。

那年过年回家，老妈就问我工资多少。我说3000元，她有点"鄙视"地说：

"隔壁家陈伯的儿子，读的学校比你还差，但工资是 6000 元。你的工资怎么那么低，还是在深圳？"这让我无地自容。人家做的是技术研发，果然是"别人家的孩子"最好。

家里的亲戚朋友也问我在做什么，我说做人力资源管理，他们听不明白。我再说"人事"，他们终于明白了，马上说："这工作稳定啊！事情杂，就是工资低，比较适合女孩子做。"我再次"掩面而泣"。

最后说位低责重。

这些年，市场竞争越来越激烈，人才的重要性也凸显出来，所以人力资源部也越来越受到公司的重视。但在大部分企业，HR 的地位却很尴尬。每次开会，领导都会说："你们要注意自己的言行与举止，因为你们代表着公司。"就这句话，为我们定了调。不管你是人力实习生，还是人力总监，做的事情，都要从公司的角度出发。招聘不及时，你影响了整个公司的运转；薪酬管理不到位，你影响了整个公司的积极性；员工关系不好，你可能会让公司惹上官司。作为一名人事专员，你不把自己当成"总经理"去做事，从公司全局的角度出发，你就做不好人力资源的工作。反正大事小事，只要是关于员工的事，都是人力资源部的事。责任之重，非 HR 不能理解。

然而，每年，老板还是以人力资源部门是成本部门为由，让我们拿着低工资，拿着低奖金。甚至在一些小企业，HR 还必须去拉业务，才能弥补"成本部门"带来的损失。

HR 们心里苦，这种苦只能往自己心里咽。

可是慢慢地，我也发现，虽然我做着"钱少事多、位低责重"的工作，但我并没有想要转行，可以说是"自愿挨打"吧！对于我来说，这份"钱少事多、位低责重"的工作，给我带来的成长更多。从一个助理、专员到主管、经理，再慢慢转到培训、写书、演讲，到现在，我要感谢很多人和事，但我内心更感谢的是自己过去的坚持。

在年轻的时候，经历"钱少事多、位低责重"的情况，未必是坏事，关键是你如何去看待和转变。对此，我有以下建议：

问一问自己，这份工作是否适合你？ 适合的标准是你有兴趣，有足够的能力去做好它，符合你的价值观。以前，我天天加班，每天加完班之后，我就告诉自己，如果当初选择做技术研发该多好，工资高，受领导重视。可是我也只是嘴上说说，没有真正行动去转行。因为我知道，作为一个文科生，我永远做不好技术工作，也没有兴趣。而人力资源的工作，我可以说是顺手拈来，虽然烦琐，但是没有哪一份工作是不烦琐的。所以，当遇到一份不那么称心的工作时，你既要看到这份工作好的一面，也要学会接受它不好的一面。只要它适合你，有前景，就要坚持。"钱少事多、位低责重"的工作，可能会对你未来的职业发展更有利。

你要明白，你所付出的，终会以另一种方式回报你。 有些工作，开始都是一样的，可是慢慢地你会发现，这些经历会变成你登上职场巅峰的台阶，让你越走越高。如果你做专员的时候，能够比别人更早地承担责任，那你也能比别人更早地升职加薪。

那些"钱少事多、位低责重"的工作，也许刚开始不能让你大富大贵，但只要适合你，它就一定会慢慢变成钱多事少的工作。

我所知道的那些曾经钱少事多的人，坚持多年后，都慢慢赚到了钱。

> 我认识一位医生，他刚毕业的时候，工资只够自己生活，还要天天上夜班。直到他考了医师执业资格证，情况才慢慢好起来，说白了就是买房买车娶老婆，走上了人生的巅峰。

职业的成长需要积累的过程。

> 2000 年，童文红进入阿里的第一个职位是公司前台，之后陆续担任集团行政、客服、人力资源等部门的管理工作，现任阿里集团资深

副总裁兼菜鸟首席运营官，是阿里上市后马云背后9位亿万富豪级别的女性合伙人之一。

成长只不过是从初级打杂向高级打杂转变，没有哪一份工作是高大上的，只要你用心付出，总会让你离高大上越来越近。

加速自我升级。能够改变自己命运的人，都是那些能够不断自我升级的人。做着"钱少事多、位低责重"的工作不要紧，重要的是你的眼光不在眼前，而在几年后！如何让钱少事多变成钱多事少？我觉得最好的办法是做好未来的规划，不断增强自己的能力。否则，你永远摆脱不了"钱少事多"的命运。在刚毕业的时候，我们可以做着"钱少事多"的工作，但工作多年后，我们就需要不断往上走了，要为更高职位储备知识、提升能力。当你能够在某个领域有所建树的时候，也就不存在"钱少事多"的问题了。

Part 8

成长：
"长不大"的你，
如何变得更强大？

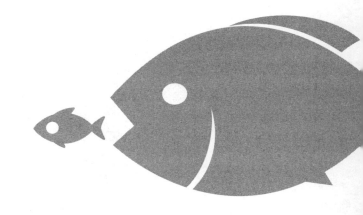

做到这5点，你会快速成长起来

也许你现在已经功成名就，也许你现在还一无所有，但只要你总是在出发，总是在改变，不管你是什么样的状态，都没有关系，因为总有一天你会到达你想要到达的彼岸。

然而有一些人，却注定永远远离成功。因为总有一些致命的东西，在阻碍着他实现自己的目标。也许目标对他来说，仅仅是口头上的噱头而已。

多少人的目标，只是束之高阁的想法？多少人的梦想，未曾用心去实践过？多少人激情后却回归平淡，从此一动不动？

回想你的过去，如果你的人生正好处于这种状态，原因是什么呢？今天，请跟随我的脚步，来看看5个价值百万的成长锦囊。改变，一切都还来得及。做到这5点，你会快速成长起来：

别找借口。有一年冬天，我去了北方一所学校招聘新员工。由于事情比较多，我们的宣讲会8点多就开始了。之后，陆陆续续就有很多学生过来了。虽然北方的冬天确实寒冷，但是我5点50分就起床了，然后忙着做准备。等到快10点的时候，我们的笔试环节就结束了。这时，突然有一个学生匆匆跑过来对我说："您好，请问可以给我一次机会吗？"我有点诧异，问他："怎么那么晚？"他说："闹钟坏了，外面又太冷，所以没能起床。"我说："笔试环节已经过了，无法再给你机会。"他说："我非常喜欢你们公司，为此准备了一个多月。"我说："你辛辛苦苦准备了一个多月，却无法为了一次宣讲会而早起两个小时。"最后，他低着头走了。

也许，这次面试只是他人生的一件小事。即使无法进入我们公司，他也可以找到更好的公司。但是，我想说的是，爱找借口，会是他以后成功的最大阻碍。外面再冷，也可以提前起床。当你不再找借口的时候，我相信你会成为一个负责任的人，你也会为自己的成长负责。当你为自己的成长负责的时候，你就会无往不胜了。

别拖延。在上大学的时候，我开始有意识地培养自己的口才。那时，我也是一个不敢站在公众场合说话的人，但是我知道我一定要改变。所以，当有了这个想法，我马上就去做了。那时，还有一个信息学院的同学，也跟我一样报了口才培训班。他总跟我说要改变，可是最终还是没有迈出改变的脚步。当我督促他，叫他一定要多上台，他就回复我说："下次吧！"就这样，直到现在，他还说"下一次"。可想而知，他是无法真正获得改变的。

"下一次"是不少有拖延习惯的人士的口头禅。当这一句话成为你的习惯的时候，你的人生就真的成了"下一次"的人生。如果你真的想改变，一定要记住，有想法的时候，马上做。只有做了才有结果。**所有不以"做"为检验标准的梦想，都是幻想。**

别拖延，世界只属于有行动力的人。

别自我设限。我遇到过无数老板，还有很多创业的朋友。我不喜欢看他们谁最有钱，我就喜欢观察他们有哪些与别人不同的特质。在这一群人中，我发现，他们有的性格外向，有的内向；有的能力强，有的能力稍弱；有的学历高，有的初中还没毕业。在这些人里，我以前并不知道他们有哪些共同的特征。终于有一天，我知道，他们都不会给自己的人生设限。

什么是自我设限？其实就是不相信自己的表现。

我有一个朋友做了 6 年的专员工作。我问他，为什么不继续朝更高的位置挑战？他说，我的能力就是这样，再高的岗位也做不了。当他这样说的时候，我就知道，他可能会永远在这个岗位上做下去了。

一个人的成就，不会超过他给自己设定的高度。当你从内心认定自己是一只小鸡的时候，就算你本身是一只鹰，你也不会展翅飞翔。因为面对悬崖，你只会后退，而不会勇敢地跳下去，看看自己是否能够飞起来。

自我设限，是你走向平庸的根本原因。别自我设限，给自己一个挑战的天空，看看你能够飞多高。就算摔下来了，也是无怨无悔，毕竟，你本来就是一无所有。

永远坚持。如果你不知道自己该做什么，就埋头扎扎实实把目前的工作做好。与其盲目乱窜，不如一头扎进去，毕竟好的东西总是在深处等着你。

现在的人，做事往往只有"三分钟热度"，工作看着哪个工资高就做哪个，从不考虑自己想要什么。只有"三分钟热度"的人，永远不会有什么惊喜，因为惊喜永远属于专注者，属于具有工匠精神的人。

不管做什么，你认为对的东西，就永远坚持下去。

结果导向。无论做什么事情，你都要始终记住，结果永远最重要。没有结果，你就是在浪费时间，浪费自己的生命。上司交给你任务，你要做到，不管遇到什么困难，都要有结果；你制定了计划，不管怎么样，都要做到。否则，一切都是黄粱美梦；你答应了别人，你就要做到，否则你就是一个言而无信的人。

做出结果，是你做人的根本。请一定要记住！

也许你一无所有，但如果你能做到这5点，相信你总有一天会成长为自己想要的样子。在最能吃苦的年纪，别让自己后悔！

靠着这4个习惯，他用6年做上了总监

几年前，我曾约了一位老师见面，主要商讨公司的商学院建设事宜。这位老师在培训行业有着很高的威望。同时，他也是他们公司的课程研发总监。他通过自己的努力，一步步不断地积累，才有了今天的成就。

会议过程中，我们商讨了很多事情。他的助理也在不断记录着我们的谈话内容。下午快下班的时候，我们终于结束了会谈。我告诉这位老师，希望在本周之内，能够把今天的会议纪要和相关方案发给我。他点头答应了。

按照我的预期，他能在周五下班之前将相关资料发给我，我就已经很满足了。谁知道，在当天晚上12点的时候，我正要睡觉，突然手机邮箱收到收信提示，原来是这位老师给我发来了当天的会议纪要和方案。我顿感诧异。

在我的职业生涯里，还没有遇到过工作效率如此高的人，这让我深受触动。后来，在我的推动下，这个项目走进了我们公司，而我俩也成了很好的朋友。

再后来，通过慢慢了解，我才知道，原来他一直都是这么做的。他用了6年的时间，就完成了职业的飞跃发展，成为他们公司最年轻的总监。

从他的身上，我看到了4个很好但大多数人都不会坚持的职业习惯。就是这4个职业习惯，成就了他的职业生涯。

高要求。你有没有发现，一个人的生活状态的好坏，跟他对自己的要求高低是成正比的？我看了他给我发的方案，发现其中的每一张图表，都是精心修过的；每一个字都是认真琢磨的。相信这就是他对自己高要求的结果。

高要求才会出精品。在工作中，无论做什么事情，你都要问问自己，是否可以做得更好？比如制作一个表格，是否可以做得更漂亮一点？对每个细节都严格要求，不要让自己养成松松垮垮的坏习惯。

马上做。 本来我以为这位老师做会议纪要和方案需要四五天，结果他当天就给我了。很多人都有做会议纪要的经历，但是我相信大部分人都无法在会议开完后马上就把会议纪要整理出来。这就是人与人之间的差距。

我曾经遇到过一个人力资源总监，他对下属的要求是，每一个人都要学会做会议纪要，而且每开完一个会，马上就要出会议纪要。例如早上开完会，中午之前一定要把会议纪要发出来。这就是执行力。凭借着这样的执行力，他很快得到了老板的认可。我相信这种"马上做"的习惯，也让他受益匪浅。

想想你的职业生涯，有哪些事情是你可以当天完成而非要让自己拖到明天的？

如果你说你没时间，那我还可以给你再讲一个故事。

这个人力资源总监有一次去外地开会。开完会后，他就马上要赶飞机。赶到机场后，他马上拿出笔记本做起事情来。利用等飞机的空隙，他把会议纪要做出来了，并且马上群发给公司相关的人员。或许，这就是为什么有些人能够在同样的时间里比他人做出更多事情的原因。

为自己而工作。 曾经在网上看到过一个关于华为的段子：话说一次台风来袭，深圳市政府要求所有公司都放假。华为公司破天荒第一次放假。结果，一名华为的员工督促自己的老公陪自己去公司一趟，原因是要去拿笔记本，否则这一天都无法工作了。她老公惊呼：华为是如何做到让员工如此热爱工作的？

也许有人说是因为华为的高工资，才让它的员工有如此高的工作热情。但我觉得，如果一个人不热爱一份工作，钱其实是无法让他如此拼命工作的。所以真正的原因，是这位华为员工在为自己而工作。

我曾问过那位老师："你为什么如此拼命地工作？"他回答说是为了他自己。其实，每个人都应该为自己而工作，但实际上，太多人都陷入了这个怪圈：如果工资低，他就偷点懒，因为公司是老板的，于是，他越做工资越低。

请时刻谨记，你是为自己而工作，不要计较那点得失。

时刻准备着。很多人都会问，为什么老天爷不给我机会？我想问的是，如果给你机会，你能够把握得住吗？如果有一天，你的上级生病了，你能够代替他去开会吗？如果你的答案是否定的，那么很遗憾地告诉你，你又错失了一次表现自我的机会。不，可能是一次让你升职加薪的机会。

如果你始终抱怨自己没有机会，先问问自己：准备好了没有？如果真的给你一个挑战的机会，你能够把握住吗？

我的每一次改变，都是在无数次准备之后。当机会来临的时候，我都告诉自己，要抓住机会！我尝试了，于是便有了下一次机会。

我那位做老师的朋友告诉我，他能走到今天，每一次机会都是靠他自己拼回来的。在刚刚进入培训行业的时候，他就给别的老师当助教，渴望有一天能站上讲台给别人授课。所以，每天他都会很用心地积累知识，不断锻炼自己的培训技巧。终于有一天，他的公司招聘讲师，他第一个报名了。顺理成章地，他成了一名讲师。所以说，机会总是有的，只是你准备好了吗？在关键时刻，领导希望你能够顶上去，你能够接招吗？能，就上去；不能，就下来。

思想决定行为，行为决定习惯，习惯决定性格。播种的每一个习惯，都是你未来成功与否的决定因素。很多时候，一个人的习惯就是由平时的一些不经意的行为养成的。所以，时刻以最高标准要求自己，养成优秀的习惯，才能播种美好的未来。

滚蛋吧，害羞君

初中毕业那年，我曾参加了一个好朋友的生日聚会。

那天晚上，参加聚会的人很多。面对这种场合，我很不适应。所以，我一个人静静地坐在一个角落里看着别人狂欢。

好朋友看到我一个人在那里呆坐，就走过来拉我到舞台中间跳舞。那时，就我一个人站在舞台中间，全场的聚光灯一下子打在我的身上，大家都在看着我，我成了在场最受瞩目的人。

朋友叫我说几句话，我的脸"唰"地一下子就红了，脑袋一片空白，一句话也说不出来。

结果，一次气氛很好的生日聚会，被我搞砸了。

之后，"小刘真是一个害羞的人""小刘真是一个脸皮薄的人"等标签就贴到了我的身上。从此，我真的把脸皮薄当作了自己的标签，并且从心底里认定，脸皮薄的我，跟别人有太多的不一样。而且，我认为脸皮薄、害羞等，是一件很丢脸的事情。

也许你曾经有过这样的经历：

当站上台的时候，你发现别人都在盯着你，让你脸红、出汗，最终一句话也说不出来。当你和别人沟通交流的时候，两眼相视，你却刻意回避别人的眼光，而且脸一下子红了。这时，你根本就听不清楚别人在说什么，别人也尴尬地看着你，一次交流沟通就这样草草结束了。面对这种情况，你真想找个地缝钻进去。当你遇到一位漂亮女生，你很喜欢她，想和她说两句话，结果没说两句脸就红通通的，大脑也卡壳了。

"脸皮薄"真的无药可救了吗？它似乎成了很多人最大的困惑。我曾经深深自责：为什么我的脸皮会如此之薄，不可以厚点吗？可是，我终究还是无法控制自己。于是，我把脸皮薄当成了自己最大的悲哀，直到有一天遇到了我的高中语文老师。

那一天，我的高中语文老师把我叫起来回答问题。当我站起来的一刹那，我的心跳就开始加速，脸开始发红，手心也开始出汗了。于是，我一句话也说不出来。老师看到之后，突然说了一句："小刘看起来还挺可爱的嘛！"当我听到这句话的时候，内心突然充满了力量。我一下子放松下来了，也不再脸红了。

原来，在别人眼里，脸红其实是一件很正常的事情。他们并不会因为你脸红、脸皮薄而讨厌你、排斥你。

关于"脸皮薄"，我们必须了解的两点

第一，大多数人不会在乎你是否脸皮薄。大多数脸皮薄的人，都会很在意别人对他们的看法。他们往往都会有这样的想法：

◆ 我总是处于劣势，每次和别人沟通，感觉自己都是在求别人一样。

◆ 他们总是在看着我，一定是想看我怎么出丑。我要是表现不好，那就太丢人了。

◆ 他们一定不喜欢我。一旦我讲不好话，他们就会笑话我。

实际经验告诉我们，脸皮薄的人，往往会刻意回避和别人接触和沟通，因为在他们的思维里，很容易放大和扭曲别人对他的看法。例如，别人的一个语气的变化，可能会让他们理解为别人对他们不满；别人对他的微笑，可能会让他们理解为别人在嘲笑自己。

然而，事实并非如此。我曾经为此做过调查。我调查了近50位自信的沟通者，问他们和别人沟通的时候，是否会在意别人的表情变化。另外，对于那些脸皮薄的害羞者，他们是怎么看的。

最终的结果是，有45位受访者表示，他们在沟通的过程中只会关注自己所要讲的内容。所有的受访者表示，就算发现对方表情不自然、脸红，也觉得很正常，不会觉得他们跟自己有什么不一样，有时还会觉得他们挺可爱的。

脸皮厚者与脸皮薄者思维模式有哪些差异，可以看看图8.1：

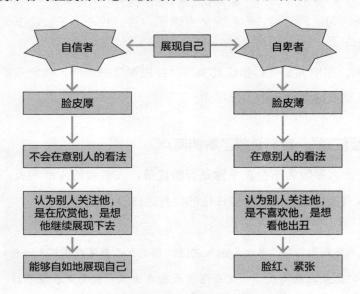

图8.1 脸皮厚者与脸皮薄者思维模式差异

其实，没有多少人会在乎你是否脸皮薄或者脸红。就算当时看到你脸红了，过后他们也忘了。所以，拿脸皮薄这件事来折磨自己，纯属自讨苦吃。

第二，你自己觉得脸皮薄，别人却觉得你脸皮厚。大多数时候，人与人之间的想法是不大一样的。

有一次公司开会，参会者大概有20个人。大家需要轮流发言。在会上，每个人都非常积极地发言，会议气氛很好。轮到一位男同事发言的时候，他表现得不错，讲得很有逻辑，只是稍微有点紧张。但我的关注点只在于他讲话的内容。

会议后，他找到了我，问我他在会上的表现怎么样。我说他表现挺好的。他说，他感觉自己的脸都红了，说话有点乱。我说我没有察觉到。

事实上，我真的没有察觉到他脸红，我甚至还觉得他挺自信的。

从这个案例我们可以看出，自己和别人的看法可能会有很大的差别。很多时候，我们对自己太过苛刻了，导致自己总陷入不自信的泥潭中不可自拔。

对自己好点，爱自己多一点，也许我们就不会总在纠结自己的脸皮太薄这件事了。

助你"脸皮"快速厚起来的 3 种方法

拿"害羞"来自嘲。这招可以帮助你改变你"害羞"的思维。脸皮厚的人，对于自己的错误，往往能够以自嘲的方式让自己找到台阶下，从而顺利化解尴尬。自嘲是一个人内心强大的体现，它能够让你在面对嘲笑的时候化被动为主动。

如何用自嘲来让自己的脸皮厚起来呢？我给大家讲个小故事。

我一个学员，曾经是一个很害羞很容易脸红的人。为此，他深受困扰，非常痛苦。有一次，他为这件事来找我。我告诉他，你如果学会了自嘲，相信你很快就会自信起来。

他真的去做了。有一次，他遇到了一位很漂亮的女孩子。以前，他遇到漂亮的异性，总会心跳加速、脸红，然后就在尴尬中结束了两人之间的对话。这次，他主动告诉这位异性，他是个很容易害羞的人。

　　说完，他指着自己的脸说："你看，我的脸红了。"然后，他的脸真的就红了。这位异性一看，就哈哈大笑起来。就这样，他突然放松下来了，脸也不红了，后面的交谈也变得很顺利。

　　之后，这位学员总是在犯错的时候，通过自嘲的方式来化解自己的尴尬。慢慢地，他也变得自信起来。

　　如果你的脸皮比较薄，不妨用自嘲的方式，来一步步化解自己害羞的状况。也许，你会慢慢变得强大起来。

　　和脸皮厚的人在一起。在你的身边，肯定有一些脸皮很厚的人。观察他们的言行举止，你会发现，也许他们说话很大声，也许他们喜欢哈哈大笑，也许他们总是能够和异性说着一些随意的话题。不管怎么样，你需要找到一个模仿目标。有了目标之后，从现在开始，你要用一个本子记下这些人的特征，然后针对每一个特征，来分析他们的行为有哪些。例如，他们的特征之一可能是在和别人说话的时候，总是看着别人的眼睛。他们对应的行为有：和任何人交谈，都能够保持眼神的接触；和别人说话的时候，眼神总是能够保持在对方的脸部游走；他们的手是自然垂直放下的。

　　知道了这些行为，你就要学会刻意地去模仿他们。也许刚开始的时候，你会觉得不太自然，但是只要坚持下去，你就会慢慢习惯了。

　　找到你的一技之长来增强自信。人因有价值而活得有尊严。要有价值，你就需要有创造价值的能力。所以，找到你的一技之长，创造更大的价值，可以让你变得更加自信。

　　什么是一技之长？一技就是你拥有的技能、能力等。但是，仅仅拥有一技还不足以让你在相关领域脱颖而出。例如，很多人都会唱歌，但是不是所有人唱歌都能够让别人记住。你只有做到唱得动听、唱得独特才能让别人记住。只有你做到了声乐界的第一，变得不可替代，你才算拥有了"歌唱得好"这个一技之长。所以，一技之长要求你必须做到某个领域的第一名。

每个人都有自己的天赋和优势，找到你最大的天赋，然后花大量的时间去打磨它。等到哪一天你变得不可替代了，你就拥有了自信。

如何做到接纳最真实的自己

对有些人来说，在他们的一生中，最难的事情不是接受失败，也不是挑战极限，而是接纳自己。

> 曾经有个口才班的学员小球跟我说，他很讨厌自己。我问他为什么。
>
> 他说，他出身于贫穷家庭，学历也不高，长得又矮又胖，口才也不好，实在找不到理由来喜欢自己。
>
> 我问他，你觉得喜欢自己难还是讨厌自己难？
>
> 他回答，他觉得讨厌自己太容易了，而要喜欢自己的话，恐怕很难做到。

听了他的回答，我内心挺沉重的。其实，太多的人跟小球一样，可能穷尽一生，也无法完全地喜欢自己。所以，他们永远生活在自责与卑微之中，活在别人的眼光和看法之中。无法接纳自己，他们就无法完全释放自己的能量，想变得自信更是天方夜谭。

其实，**不管你是穷困潦倒还是荣华富贵，不管你是卑微还是高尚，不管你对社会有贡献还是靠社会救济，你这辈子最应该做的事，就是接纳自己啊！**

如果不能接纳自己，会是怎样呢？

刻意隐藏真实的自我，会让你变得越来越糟糕。瑞士著名心理学家、精神分析学家荣格指出，我们所难以接受的那个自己，在心理学上叫"阴影"，也就是我们不愿意成为的那种人。"阴影"是由个体所不愿意显露出来的一些心理特征组成的，是个体人格中遭受刻意压抑的部分。这些特征是个体自认为不可以显示出来的，因为它们非常脆弱，不能被社会所接受，有些甚至是邪恶的。压抑的原因可能是恐惧、无知、廉耻心，也有可能是因为缺乏爱。

其实每个人都有"阴影"，都有很多不想被别人知道的东西。为了隐藏这些"阴影"，我们会给自己戴上一张面具。这张面具是为遵守外在的社会环境、社会规范等所做出的种种反应，被称为"社会我"。这张面具会将属于自己的、为亲近的和重要的人所不能接纳的情绪、特质、才能和态度等排除在意识之外，所以不轻易为别人所知。

然而，你越是刻意隐藏"阴影"，它们就越会缠着你。一般情况下，你的意识会把你的"阴影"压抑在"潜意识"之中，不让它表现出来，但一旦你的意识有所松懈，"阴影"就会出来作怪。所以，刻意隐藏会让你的意识在不断地跟潜意识作对，从而让你不断地消耗内在能量，洋相百出。

例如，有些人在演讲中会紧张，那么紧张就是他内心的阴影。他不想让别人知道他紧张，所以刻意隐藏，结果是越紧张，就越讲不好话。

否定真实的自己，会让你的自信水平越来越低。不能接纳自己，其实就是在否定自己的一些特质。例如，你不能接纳自己的害羞，其实就是在否定害羞这种特质。你会很讨厌这种特质，当你否定它的时候，你就是把它当作异己，会刻意地把它排除在你的意识之外。但实际上，害羞这种特质会永远跟随着你。而且，你越否定它，它对你的影响就越大，你就会越来越不自信。因为当你害羞的时候，你就会觉得害羞是很不好的，所以你的潜意识告诉你：不要害羞，你不是害羞的人。结果，你越否定，害羞对你来说伤害就越大。

我曾经听过这样一个故事：

有一个小伙子，来自贫穷的山区，父母都是面朝黄土背朝天的农民。然而，一家人辛辛苦苦地劳作，只能解决基本的温饱问题。

小伙子很争气，各科成绩一直在班里名列前茅，这让父母很骄傲。他的父亲为了能够让他走出大山，出人头地，除了每天早早就下地摘菜，拿到市集去换点钱之外，还会到县城里收拾破烂来维持他的学费和生活开支。

小伙子也通过自己的努力考上了县重点高中，过上了住校的生活。他的很多同学都是有钱人，他们每天都谈论着自己的父母是做什么的，开什么车，去哪里玩。每当这个时候，小伙子心里就不舒服。他对同学撒谎说，自己的父亲是个体户。

这个时候，他心里开始有点扭曲了。为了掩盖这个谎言，每次要开家长会的时候，他都不会叫他父亲到学校，而是请熟人过来充当自己的父亲。

这样的做法，让他心里极其难受，但是他觉得在同学面前的面子更重要。

有一天，他和同学们走在大街上。突然，他看到了自己的父亲。只见父亲衣衫褴褛，背着一袋捡来的破烂。他父亲也看到了他，马上向他走过来，想和他说说话。这时他想，如果被同学知道这是自己的父亲，他还有面子在学校待下去吗？于是他目不斜视，不顾父亲朝他打招呼，快速拉着同学走开了。同学们觉得奇怪，问这人是谁啊。小伙子回答说："不认识，也许是捡破烂的吧！"于是，他头也不回地走了，留下了愣在那里的父亲。

那晚，他哭了。从那以后，他慢慢地变得孤僻起来，不想和同学走在一起，怕再次遇到父亲。他常常独来独往，变得越来越自卑。

终于有一天，他再也承受不住内心的自责和对父亲深深的愧疚。在一个周末，他跑回了家，拉上父亲来到学校，遇到了同学就介绍，这是我的父亲。

这么多年来悬在心里的石头终于落下了。他终于可以不用在同学面前掩饰什么，否定什么，不用再受自卑和自责的双重折磨，他慢慢变得自信了。

接纳自己，是你这辈子最应该做的事情

你不爱自己，没有人能够帮你去爱。每个人对于这个世界来说，都是独一无二的个体。从你呱呱坠地时起，你就和其他所有的人不一样。小的时候，你饿了，要哭父母才会给你喂奶。哭，就是你爱自己的表现。长大后上学了，同学们似乎在孤立你，如果你就此沉沦，那你就是作践自己。此时此刻，你应该相信，你可以通过好的学习成绩来获得同学的认可。工作后，你受了委屈，似乎领导都不认可你。此时，你只有吞下那些委屈，加倍爱自己，让自己在工作中更加出色，别人才会对你刮目相看。

妄想通过委屈自己来求得别人的认可，那是不可取的。要获得他人真正长久的尊重，需要你对自己无条件地接纳，然后全身心地爱自己的一切，不管是好的还是坏的，你都应该无条件地爱着它。即使是你最大的缺点，对你来说，也是你成长的力量，因为缺点会让你有动力追求进步。

无论怎样，你都是有价值的。很多人不自信，是因为觉得自己一点用都没有。例如，如果你的工作能力很差，工资很低，甚至连自己都养不活，还要靠家人救济，你的自信水平可能就会很低，因为你觉得自己没什么用，你很排斥这样的自己。但其实，人只要一生下来，就有自己存在的价值。

也许，在工作中，你总做不好，被领导批评，好像没有能力，但其实你有可能是放错了位置的宝贝，只要你摆正了自己的位置，你的价值就无穷无尽。

我有一位朋友，曾经是做技术工作的。选择这份工作，是因为他

学的专业就是技术类的，但他实在不喜欢这类工作。所以，工作两年来，他的业绩一直一般般，差点被公司炒掉了。他因此一直怀疑自己的能力。后来，我告诉他，既然这份工作做不好，不如换一份你擅长并且喜欢的看看。他擅长与人沟通，就去找了一份销售类的工作。这份工作，他做起来如虎添翼。后来，他跟我感慨道，他前几年都白活了；如果早一点找到适合自己的工作，他就能够早一点找到自己的价值。

无论怎样，你都不要轻易地给自己贴上负面的标签：我没有能力，我没有价值。你不是没有价值，你只是还没有找到适合发挥自己能力的平台而已。

完全接纳自己，你才算是一个完整的人。荣格曾问："你究竟愿意做一个好人，还是一个完整的人？"他认为，只有把阴影和意识结合起来，才能让一个人的心灵恢复完整。只有这样，才能认识真正的自我。荣格相信，如果人们能承认和接纳人格中的阴影，就会对精神生活产生不可估量的影响。荣格曾说："要做到这一点，我们就必须直面阴影，让它成为我们人格的一部分，没有其他办法。"

现实生活中，我们总想做一个让别人喜欢、认可的人。所以，别人不喜欢、不认可的特质，我们都刻意藏起来了，以迎合别人的标准。然而，这样一来，我们就把自己分成了两半。其实，人之所以为人，就是因为每个人都有天使和魔鬼的一面。两者加起来，才构成了完整的我们。如果我们只愿意成为一个只有天使一面的人，那结果就是，我们总是要不断压抑自己的天性。因为魔鬼总是存在，它总想跑出来，我们就总要不停地压住它不让它出来。不接纳自己，就会让我们的想法和行为总是背道而驰，久而久之，我们就会被压垮。

一个完整的人才是一个真正快乐而自信的人。

3 种方法让你接纳自己

暴露自己的阴影。美国诗人兼思想家罗柏·布莱用垃圾袋比喻阴影的形成。他说，每一次我们压抑自己的情绪、人格特质或才华时，就是把我们的这些部分丢到垃圾袋里。布莱说，在人生前 30 年的岁月里，我们忙着把自己最珍贵的部分倒进垃圾袋。随着时光流逝，垃圾袋变得越来越重，快让人背不动了。结果，在往后的岁月，我们要翻找垃圾袋，以找回并发展被我们丢弃的那些部分。而这个找回的过程，就是暴露自己的阴影，并不断接受自己的过程。只有这样，我们才能不断改变曾经让我们讨厌的"阴影"。

我的一位学员，他的牙齿非常不好，有黑斑。以前，他非常自卑，不敢大笑，害怕别人看到他的牙齿。每次进行公众演讲，他都不敢大笑。结果有一次，他讲了一个笑话，台下的人都哈哈大笑。他也被自己逗乐了，本该大笑，他却害怕暴露自己的缺点，只能抿着嘴笑，这让他显得很不自然。

直到有一天，他受不了，跑来跟我诉苦，问我该怎么办。

我告诉他："你不妨开怀大笑，让牙齿在大家面前露出来。这样，你的内心就不会纠结，动作也就会更加落落大方了。如果你想刻意去隐藏，用手去捂着你的嘴巴，那样不仅会使别人对你的嘴巴更加好奇，而且也让你显得放不开。"

他说："我还是怕别人笑。"

我回答："其实，你怕别人笑是因为你还没有接纳自己不好的牙齿。但是你越想隐藏它，就越让人觉得别扭。"

其实，"阴影"和"面具"是相对的，当我们把"阴影"暴露在众人面前时，也就没有必要再戴着"面具"生活。只有摘下面具，我们才能真正做自己。

他有点犹豫，说："可我还是做不到，怎么办？"

　　我知道他的心里肯定无法接受一下子就让自己的"阴影"暴露在众人面前。我说："那你现在张开嘴巴让我看看。"我试着慢慢打消他的顾虑。

　　他有点勉强，但还是龇着牙把嘴张开了。我告诉他："我看了之后，觉得没什么好笑的。"

　　他有点怀疑，问："真的吗？"

　　我很肯定地说："是的。"

　　其实，每个人都有自己不想让别人知道的缺点，出于自尊，怕暴露之后被别人嘲笑。但实际上，你所谓的缺点在别人看来，有可能是很正常的。就算别人会笑，那又怎样？你自己有什么损失吗？实际上，并没有。所以，你要敢于放开自己，暴露自己的"阴影"，并用心接受它。只有这样，你才能光明正大地、自信地活着！

　　接受现实。在这里，我先给大家讲一个小故事。

　　在动物园里的小骆驼问妈妈："妈妈妈妈，为什么我们的睫毛那么长？"

　　骆驼妈妈说："当风沙来临时，长长的睫毛可以让我们在风暴中也能看得清方向。"

　　小骆驼又问："妈妈妈妈，为什么我们的背那么驼，丑死了！"

　　骆驼妈妈说："这个叫驼峰，可以帮我们储存大量的水和养分，让我们能在沙漠里忍耐十几天无水无食的恶劣条件。"

　　小骆驼又问："妈妈妈妈，为什么我们的脚掌那么厚？"

　　骆驼妈妈说："那可以让我们重重的身子不至于陷在软软的沙子里，便于长途跋涉啊！"

　　小骆驼高兴坏了："哇，原来我们这么有用啊！可是妈妈，为什么我们还在动物园里，不去沙漠远足呢？"

驼峰再丑，也是骆驼储存水和养分的地方；脚掌再厚，也是骆驼长途跋涉的法宝。然而它们再有用，却只能被关在动物园。这些都是骆驼必须面对的现实。很多时候，我们跟骆驼一样，无法选择自己的外貌，无法选择自己的出身，但是我们必须知道，这些对我们来说，都是有意义的。当我们不认可自己的一些看似无法改变的东西时，唯一能做的就是坦然接受。

接受不能改变的现实，是一个成熟的成年人必须有的思维。试想一下，如果你不能接受自己不能改变的东西，那你又能怎样呢？就像一块巨石摆在你的面前，阻碍了你前进的道路，你要继续前进，只有两种方法：第一种是搬开巨石；第二种是接受巨石的存在，绕道而行。你会选择哪种方法？**有时候，面对无法改变的事实，接受比改变更有智慧。**

努力改变自己能改变的。我们都有很多缺点，但部分缺点却是可以改变的。例如，口才不好，可能在有些时候会让你逃离说话的场所，以让自己所谓的"缺点"不在众人面前展示，从而塑造在外界看来完美的自己。然而，这只会让你继续活在你想象的完美世界里，但外界的残酷迟早有一天会让你现出原形。

要彻底改变这种现状，除了直面我们存在的问题之外，别无他法。职业发展虽然取决于我们的长处，但是按照前面章节讨论过的"木桶原理"，要发展得更快，那些对我们有重大影响的短板也是需要考虑并且需要改善的。

所以，要努力改变自己能改变的。当你慢慢地把短板变得不那么短的时候，也许你就更加容易接纳自己了。因为短板不再存在，你也就没有必要再去刻意隐藏了。

接纳自己是一个人一生中最重要且最应该做的事情。因为没有人会比你更了解自己，更爱自己。如果你无法做到这点，那你也就无法拥有自信快乐的人生。

我们要学会拥抱自己的不足之处，因为不足本就是人性的一部分。我们拥抱它，它在；我们排斥它，它也在。当我们能够真正接纳自己的时候，才可以发自内心地去面对任何人质疑的目光，成为强大的自己。

如何成为一个内心强大的人

我曾在一次逛街的时候，遇到一个小伙子，当时他在街头卖艺。

他身高不足 1.6 米，却以跳舞为生。

在跳舞的过程中，他总是非常专注。有观众嘲笑他：都长那样了，还跳舞；有观众大声轰他下台：别跳了，下来吧；有观众故意丢东西去干扰他。但他不以为意，仿佛在这个世界里，除了舞蹈之外，就没有其他东西了。我一边在心里唾骂那些观众，一边佩服这个小伙子的坚持。

他是我见过的在舞台上最淡定的人。

在他坚持跳完舞后，虽然他跳得并不算太好，但是我还是给他送上了掌声。

等他休息的时候，我特意走到他的身边，给他鼓励。他非常感谢我。

我问他："在跳舞的过程中，会有人不认可你，你是怎么看待这些不一样的眼光的？"

他说："我刚开始在街头跳舞的时候，会有人来赶我走，至少现在不会了。每个人都会有自己的想法，如果我们都按照他们的想法来做事，那我们就没有存在的必要了。"

他的话让我很触动。是啊，每个人来到这个世界上，都是独立于他人而存在的，也只有我们自己才能把握自己的命运。别人再怎么嘲笑你，也只是一个过客。他们在心里爽一下就过去了，并不需要对你的人生负责，而你是要对自己的人生负责的。

那一刻，我才知道什么是真正的强大。很多人，表面上看起来人高马大，可是一旦遭受打击，就情绪崩溃，从此一蹶不振。我也见过很多表面坚强，夜里却盖着被子暗暗哭泣的人。他们的内心是如此脆弱，以致面对残酷的世界时，是如此不堪一击。

所以，真正的强大，是内心的强大。

内心的强大，是你能够专注于自己的内心世界，只按自己的想法做事，不受外界的干扰。

内心强大的人，具有坚定的人生观、世界观、价值观，对事情的好坏有自己独立的判断标准，面对他人的非议，能够选择性地接受或者不接受。

内心强大的人，在遭遇不可理喻的打击、嘲笑与恶语相向后，依然能够抬头面对，并能够重新唤起心中的无限能量，实现自己的目标。

内心不够强大的人，往往很容易放弃。

有一年，公司有个产品主管的岗位人选需要从内部提拔。我们发布了一个内部竞聘通知。很快，我们就收到了十几份应聘简历。从这些简历中，我们挑选出3位进入最终的面试阶段。

按照程序，要求每个候选人准备竞聘资料，做一个竞聘演讲，并接受评委的提问。

在竞聘演讲开始之前的一个晚上，有一个候选人找到了我。

他说："刘经理，我有点紧张。"

我说："紧张很正常，不紧张说明你不在乎这件事情。"

他说："我害怕讲不好，在那么多同事面前丢脸。要不，我提前退出吧，请把我的名字删掉。"

我一听，有点急了，说："这是一个很好的机会，你怎么说退出就退出呢？而且，你的职业能不能取得突破性的进展，就看这次竞聘了。很多人想应聘都被刷掉了！"

他说："我知道，但是我实在害怕在那么多人面前出丑啊！"

为了能够保证竞聘工作的顺利进行，我告诉他："要不，你明天继续上，毕竟名单都已经上报了，临时退出不好。我觉得你的实力是最强的，所以放心上去讲就好了。"

他听了后，知道实在推不掉了，只好点了点头。

第二天，竞聘工作如期进行。如我所料，这个候选人在台上战战兢兢，没有把他的真实水平发挥出来。最终，他被淘汰了。

有时候，内心不够强大，会让我们的职场之路走得磕磕绊绊。真正内心强大的人，才能在这个残酷的世界里走得从容。

大多数有着一颗玻璃心的人，都会有这样的经历：

面对一个很好的升职机会，因为不敢站出来展示自己，怕丢脸，所以放弃了；

面对强势的竞争对手，害怕竞争，于是将本该属于自己的东西拱手相让；

面对同事的请求，忙碌的你本该拒绝，但你碍于情面，害怕拒绝他人，所以把自己的时间让给了别人的琐事。

内心不够强大的你，活在了别人的世界，活出了别人的人生。

真正内心强大的人，才能得到自己想要的东西。每个人都有自己的追求，在追求理想的路上充满荆棘，只要稍微软弱一点，我们就会受伤。

2007 年的时候，我还在上大学。那年，我开始自己的第一次创业之路。那时的我，还是一个很稚嫩的小伙子，和别人沟通根本就没有现在来得那么轻车熟路。

创业首先要做的第一件事就是推销公司的产品。那时的我，拿着自己的产品手册到街头上到处推销。每遇到一个人，我都会跟他们介绍我的产品。然而，接受者甚少。甚至有些人还没有等我开口，就给了我一个闭门羹：请走开，我没有时间。那时的我，感觉到这个世界是如此的冷漠：我只是向你介绍一下自己的产品，又不是一定要你买，至于这么快就拒绝一个热血青年吗？

别人的拒绝和冷漠，让我实在无法接受。所以，公司的业务一度停下来了。后来，我知道自己不能再这样下去，因为我的人生才刚刚开始，我还有梦想需要追逐，我要让自己强大起来。我问自己：就算他们拒绝了我，打击了我，我有什么损失吗？没有。唯一的损失就是我内心的感受。

当想通之后，我再一次站了起来。每次面对他人的拒绝，我都对他们微微一笑，说声"谢谢"，然后继续向下一个路人介绍自己的产品。后来证明，虽然那是一次失败的创业经历，但通过它，我开发了一些客户，也认识了很多朋友。这些朋友，直到现在对我都还有很多帮助。

如果你还有自己的梦想，那就要有一颗强大的心去支撑。梦想是靠你的心撑起来的。你的梦想越大，你的内心就要越强大。当你的内心还没有强大到能支撑你的梦想的时候，那就静下心来，先让自己足够强大吧！

让你的内心变得强大的 4 种方法

找到你高度认同的人生目标。人生目标很重要，它是你的职业牵引，你的动力源泉。对于怎样设定目标，在下面的章节我会详细阐述。在这里，我想给你几个忠告：你的人生目标必须和你的使命、价值观绑在一起，而且必须是你喜欢的。你实现目标的过程，其实就是你的使命达成和价值观实现的过程。请确保你人生所有的行动，都和你的目标有关，并且有益于你目标的实现。

当你找到了最重要的目标之后，你的人生会大不相同。

日本经营之圣稻盛和夫曾在他的著作中写到，要成就一番伟业，必须做能够自我激情燃烧的"自燃型"人。"使命感"会让你成为"自燃型"人。

这样，你会自动自发去做很多事，而不需要别人的鞭策。

为你自己确定一个宏大的目标，再将你的使命和这个目标绑在一起。时刻问自己：你现在的使命和你的工作、家庭、未来有什么联系？确保你的使命和你生活的方方面面都结合在一起。

有了使命的工作才叫事业，有了使命的事业才值得奋斗，有了使命的人生才称得上伟大。有了使命，你将会迸发出所有的激情。如果你的事业能够和使命绑在一起，那么无论遇到什么打击，你都不会放弃，都会坚强地走下去！

积极暗示法：反正死不了。有着一颗玻璃心的人，往往都会在乎别人的看法。如果你有一颗玻璃心，往往行动力就会很差。因为你会很害怕。例如，当别人叫你上台讲几句话的时候，你会推三阻四；领导叫你去催一下别人的工作进度，你会害怕和别人沟通。这个时候，积极的暗示会对你有很大的帮助。当你面对自己很害怕的事情的时候，当别人的拒绝让你沮丧的时候，你可以握紧拳头告诉自己：反正死不了。内心不断重复这句话，会让你充满力量。毕竟，连死都不怕了，还有什么可怕的呢？

抗干扰训练。人与人之间的沟通就是影响和被影响的过程。影响基本上是强者影响弱者。当你的内心不够强大的时候，别人稍微给你施加压力，你就会改变自己的主意，甚至接受别人不合理的要求。内心脆弱的人，往往容易受别人的干扰，做事没有主见。所以，内心不够强大的人，有必要提高自己的抗干扰能力。

这个训练，需要有3个以上的人参加，人数越多越好。然后，选择一个主题，例如"梦想"，由你来进行一分钟的以"梦想"为主题的演讲，其他人可以通过各种方法来干扰你，例如在你面前大声讲话等。他们的目的是让你分心，让你的演讲无法继续。在这个过程中，演讲的人不能停顿，如果停顿就宣告这次挑战失败，需要重新开始。通过不断的抗干扰训练，可以让你的内心强大起来。

不需要在意别人的看法。很多人恐惧，是因为太在乎别人的看法。做每一件事之前，都会先想：别人对这件事会怎么看？别人会喜欢吗？别人会嘲笑自己吗？别人会因此讨厌自己吗？会因此失去他们的支持吗？正是这种想法，让他们裹足不前。

然而，你真的不需要在乎别人的看法。相比于肯定你，人们会更习惯于否定你。很多人都有这种经历——当你说要创业时，你最亲密的人肯定首先会说："现在创业风险大，还是不要创业了。"当你说你有一个很好的想法时，你的领导会首先告诉你："这个方法还不成熟，回去再想想。"当你说你想辞职去寻找自己喜欢的工作时，你最亲近的人肯定会说："别想那么多，先安稳地做好眼前这份工作。"

人们会习惯于否定你的一切想法和行动，因为对任何人来说，改变都是有风险的。然而，他们的否定，并不能给你带来任何价值。你的人生只能由自己负责。你人生的每一步，都是自己选择的结果，别人建议再多，最终也还是需要你迈出第一步。别人不管再喜欢你，还是再讨厌你，也不会在你落魄的时候，帮助你走完人生之路。所以，要学会对自己的人生负责。更重要的是，要学会独立思考。

内心的强大，才是真正的强大。当你的内心真正强大起来后，我相信你会战无不胜。世界将会为你的强大而让路。

敢于展示"贱贱"的自己

我有一个朋友小 N，她看起来很完美：身材高挑、容貌姣好、学历高、出身好。她彬彬有礼，性格温和，待人接物都很得体。大家都说她将来一定是一个持家有道、贤惠无比的好妻子。

有一天，她跟我们一起去一家餐厅吃饭。席间，上菜很慢。更让人气愤的是，有一桌客人比我们晚到，却比我们上菜还早。这让我们感到很生气。小 A 说，下次不来这家餐厅吃饭了；小 B 说，要不，我们不吃了，去别家吧！

这时，小 N "忽"地站了起来，对着一位服务员大声喊道："服务员，过来一下！"看她那架势，把我们都吓了一跳，看起来是要干架的样子啊！那服务员一听不对劲，马上跑过来了。小 N 非常愤怒地质问这个服务员："为什么我们的菜上得那么慢？为什么别的客人来得比我们晚，却都上菜了？为什么我们来这里那么久了，却没有人来招呼我们一下？你们号称服务就是你们的竞争力，顾客就是你们的上帝，这就是服务？这就是上帝？"那服务员也许没见过这样的场面，一下子愣在那里，不知道该怎么回答才好。

我们也惊呆了，因为从来没有见过小 N 这样的一面。小 N 继续大声对服务员说："把你们经理叫过来。"服务员没辙，只好把经理叫过来。餐厅经理过来后，小 N 对经理说："你们是这样对待客户的吗？不管怎么样，你要赔礼道歉！"

这时，整个餐厅的人都在看着我们，但小 N 却不依不饶。餐厅经理连忙赔不是，说可能是因为餐厅的工作失误，才导致这样，希望大家可以谅解。我们都拉着小 N 说："算了，我们今天是来吃饭的，不是来吵架的，别让这件事坏了我们的好心情。"

最后，在经理连连的道歉声中，小 N 才坐了下来。

我们都面面相觑，看着小 N。小 N 也看了看我们，不好意思地笑了。

有时候，一个人爆发出性格中不为人熟悉的一面，会让人无比震惊。比如，一个看似性格内向的人，有一天却像大妈骂街一样发飙了；一个看似性格文静的人，有一天却像疯了一样，在大吵大闹。也许，他们表面的内向文静，只是他们伪装后的结果，而骂街、疯闹才是真正的他们。

我对小 N 说："看不出来你这样彪悍啊！"

小 N 有点不好意思地说："其实，我以前就是这个样子的，说话大大咧咧，毫不顾及他人的感受。"

接着，她告诉我们，她之前谈了一个男朋友。有一天，她陪男朋友的家人去逛街买衣服，结果那服务员好像对她有点不屑，这让她很生气，当场就和服务员对骂起来。后来，她男朋友的家人说她不识大体，像个没有教养的泼妇一样，不适合做他们家的媳妇。于是，她男朋友和她分手了。这件事情对她的打击很大。

后来，她性格大变。她变得不再爱闹，不再和别人发生冲突，而喜欢一个人静静地待着，在熟悉的人面前喜欢做一个安静的倾听者。

原来，她所谓的彬彬有礼、性格温和，都是伪装出来的。实际上，性格外向、个性张扬才是真正的她。

我问她："你这样累吗？"

她沉思了一下，点了点头。

我想也是，如果她不是一个安静的人，却为了讨好别人而强迫自己安静下来，那是多么大的委屈。很多时候，每个人心中都有一面镜子，在映射着自己在别人面前到底要扮演什么角色。我们试图要讨好别人，所以压抑了自己的天性，按照别人的标准来活着。然而，这样只会让我们看起来那么的软弱。一个戴着面具生活的人，因为总害怕别人揭开那张面具，看到自己不想让别人看到的那一面，生活中总是小心翼翼：说话不敢大声，工作不敢展现自己，做事不敢张扬，害怕暴露在众人面前。

我问小 N："你为什么会变了一个样？"

小 N 说："其实我没有变，只是伪装成了一个别人更喜欢的自己。"

我继续问她："你是因为觉得在公众面前大喊大叫不好吗？"

她思考了一下，说："是的。"因为曾经的伤害，让她觉得过去的那种疯疯癫癫的行为很丢脸。

我摇了摇头，告诉她："其实我觉得那样挺好的。你看今天，如果不是你的据理力争，大吵大闹，恐怕我们现在还饿着肚子呢！也许在某一瞬间，你觉得自己挺另类的，但我内心其实挺佩服你的！在工作生活中，我们总会遇到不公正的事情，如果能够以这种'泼辣'的姿态去面对，也许就可以维护自己的权益。对吧？"

她看着我，点了点头表示认可。

我问她："压抑了自己的天性之后，你觉得自己有什么变化吗？"

她说："有啊！我觉得变得不再那么自信了。比如，我以前看到不喜欢的东西，总是有一说一，有二说二，但现在我会先想想，哪些该说，哪些不该说，如果说了别人是否喜欢。所以总是瞻前顾后，生怕得罪了别人。"

我问她："你是不是觉得自己变得软弱了许多？"

她说："是啊！"

其实，一个真正强大的人，是真正敢于暴露自己所有的人，不管是优点还是缺点。当我们刻意去伪装自己，刻意去压抑自己不想让别人知道的那一面的时候，我们也就和软弱站在了一起。

当众讲话的时候，我们害怕讲得不好被别人知道，所以越讲越紧张；销售工作中，我们害怕客户的拒绝让我们没面子，所以永远都不敢跟他提要求；追求爱情的路上，我们害怕心仪的对象不喜欢我们，所以永远没有迈出表白的第一步。

如果你不能做到放下自己，放下对自己不喜欢的特质的芥蒂，那你永远也无法成为一个真正强大而自信的人。

在里约奥运会游泳赛场上，人们记住的不是获得了金牌的运动员，而是在女子100米仰泳半决赛中出战的中国选手傅园慧。她以第三名的成绩进入决赛，虽然最终成绩不是最好的，但却深深俘获了很多人的心。

在以第三名的成绩晋级决赛后，央视记者采访了她。让我们来重新回顾一下这段神一样的采访过程。

傅园慧："58秒95？（难以置信脸）我以为是59秒。我游这么快？我很满意。"

记者："觉得今天这个状态有所保留吗？"

傅园慧："没有保留，我已经用了洪荒之力了。"（大喘气）

记者："这一年，你的身体状态并不是很好，现在恢复到以前的状态了吗？"

傅园慧："这已经是历史最好成绩了。我用了3个月去做恢复。鬼知道我经历了什么。真的太辛苦了。我有时候感觉自己要死了。我当时的训练简直生不如死，但是今天的比赛成绩我已经心满意足了。"

记者："是不是也对明天的决赛充满希望？"

傅园慧："没有。（央视记者蒙圈中）我已经很满意啦。"

这段采访一播出，傅园慧微博的粉丝数一天之内增长了几倍。

其实，不管傅园慧有没有获得金牌，她那种耿直的性格、乐观的心态以及毫无保留地表现自己的开心与想法，都让她获得了更多人的喜爱，这种喜爱甚至比获得金牌还要重要。

因为人都喜欢真实的东西。我们很多人缺的就是像傅园慧这种毫无保留的勇气。很多人，明明心里不开心，却皮笑肉不笑地说"我很开心"；明明心里想说"不"，却违心地说"是"；明明内心恐惧，却说自己什么都不怕。最终的结果是，内心很痛苦，很害怕别人知道自己在伪装，从而导致自己很难有信心去面对无比巨大的挑战。

你到底在对什么心存芥蒂？要做到让自己无比强大，我们就需要放下心中芥蒂。佛偈有云："色即是空，空即是色。"一个人毫无欲望的时候是最强大的。"无欲则刚"就是最好的表达。

放下自己，是内心真正放下对自己的伪装。

曾经看到过这样一个故事：

> 老和尚携小和尚游方，途遇一条河，见一女子正想过河，却又不敢过。老和尚便主动背该女子过了河，然后放下女子，与小和尚继续赶路。小和尚一路嘀咕："师父怎么了？竟敢背一女子过河！"一路走，一路想，最后终于忍不住了，说："师父，你犯戒了！怎么就背了女人？"老和尚叹道："我早已放下，你却还放不下！"

放下伪装，做真正的自己，是对你展开自我救赎的开始。在成长的过程中，我们背负太多别人对我们的期待，所以总放不开自己。无论是在与人交往还是在沟通表达中，放不开自己都会成为我们的阻碍。试着去放下，不用在乎别人的看法，不用担心别人会批评你、指责你、不喜欢你，尽情地去表达你自己，展现你自己。当你做到这些的时候，你会发现，你有了重生的力量。

不再伪装自己，与其让所有人喜欢，不如让自己一个人舒心！有时候，做一个"贱贱"的自己会更好。毕竟，那个"有好有坏"的自己，才是你真正想成为的人。只是，我们的"贱"，不要伤害别人就可以了。当你敢于把自己最"贱"的一面展现给大家的时候，你也就强大了。当你强大了，别人一定会喜欢你的！

当你怀疑自己的时候

不久前，我遇到了久未谋面的小九。

小九是我初中同班同学，可以说，我们是相互搀扶走过来的好兄弟。我考试考砸了，他开解安慰我；他被老师批评了，我站出来为他讲理。那时的他，很有兄弟义气。

后来，他去了海南读高中、大学，在海南工作。我们一直没有见面，直到不久前。

我和他在咖啡厅喝了一杯热咖啡，然后聊起了这些年发生在自己身边的事情。

小九变化很大，记得初中时期的他，是个说话很大声的人，那时的他身宽体胖，说话中气十足。如今的他，少了几分霸气，却多了几分内敛，说话时低着头不看人。

小九告诉我，他大学毕业后，跟朋友借了十几万元钱，自己倒腾一点小生意。可几年下来，不仅没有赚到钱，反而亏了很多钱，欠了亲戚朋友一屁股债。

现在他是逃债来到了深圳。看到他落魄的样子，我觉得有点心酸。

我问他："你下一步打算怎么办？"

他说："走一步看一步吧！"

我问他："你还有信心重新站起来吗？"他没有直接回答我，只是摇了摇头。我想，他已经开始怀疑自己的能力和价值了。

我可以想象，这些年来，他肯定有很多辛酸历程。只有这样，才会让一个当年如此自信的少年变成了谨小慎微的中年大叔。

当我们不断付出，却没有得到自己想要的结果的时候，我们往往就会开始怀疑自己。我相信小九是走了很多的弯路，才放弃了再继续往前走。

我知道，就算我再怎么安慰小九，再怎么说大道理，也无法一下子让他重新振作起来。

我不知道不断的挫折对一个人的打击会有多大，但是我想说的是，人生本来就不是一帆风顺的，我们会不断地碰壁，不断地试错，然后才知道哪条路是自己应该走的路，然后选择一条路一直走下去。最重要的是，我们要能够站起来。

也许你会有这样的体验：

当你怀疑自己的时候，你会一直把焦点放在自己的无能上，从而让你觉得自己毫无用处。

当你怀疑自己的时候，你会一直让自己陷于失败的沮丧中，从而一直在品尝失败的苦涩。

当你怀疑你自己的时候，你会一直深深自责，从而总是心情低落，懊恼不已。

很多时候，我们不是没有能力，而是陷入了失败的陷阱，暂时不能动弹而已。

我告诉小九，这段时间啥都别想，换个环境让自己静一静。例如，可以去远方旅游，让自己放松放松。

他接受了我的意见。再后来，我们分开了，很久没见面。

有一天，我接到了小九的电话。他告诉我，他去了北京，玩了一个星期。他决定待在北京，重新开始了。电话那头，传来了他爽朗的笑声。

放下电话后，我在心里默默地对他说："祝你一切顺利！"

当一直身陷失败的泥潭时，人就会开始怀疑自己。如果你永远都不走出这个失败的泥潭，那你将永远沉沦下去。所以，请试着让自己一步步离开这个泥潭，离开这个让你失败的环境，这样你才会一步步走出自我怀疑的怪圈。人一旦从失败的泥潭爬出来，就会获得重生的力量。这种力量会对你以后的生活产生巨大的积极影响。我相信，小九会从这段失败的经历中汲取能量，一鼓作气，重获自信人生。

当你怀疑自己的时候，难免会有自暴自弃的想法。但只要你还有继续走下去的勇气，你就会立于不败之地。

面对失败，往往有两种人：第一种是否定自己的人；第二种是否定失败的事情的人。能够从失败中走出来并崛起的人，往往都是第二种人。

2014年，我参加了一个人力资源管理论坛。在那个论坛上，我认识了一个朋友，她从事人力资源管理工作已经有3年多了。这3年多来，她一直深信一个道理，就是付出努力才会有回报。所以，她很拼命。用她的话说就是，"睡得比狗晚，起得比鸡早"，经常加班加到晚上10点。然而，拼命并没有给她带来什么明显的收获，她总感觉自己使不上劲，学了很多人力资源方面的课程，掌握了很多人力资源管理的实用工具，可总是业绩平平，职业发展一直停滞不前。

她跟我说："我觉得自己已经很努力了，可还是如此平庸，这让我不得不怀疑自己的能力了。"

我问她："你有没有想过，也许是因为自己的某些特质不适合人力资源的工作，而不是因为自己的能力不行呢？"

她突然有所触动，说："这我倒没有想过。你这么一说，我倒觉得可能是自己不适合吧！"

我继续问她："你有没有想过换一份职业？"

她说："之前我曾想过做销售，因为我比较喜欢和别人打交道。"

我说："要不，你换一份和人力资源相关的销售工作看看？"

后来，她真的选择了一份猎头工作。这份工作，更多的是在寻求和企业合作，开发新客户，既运用了她在人力资源管理方面的知识，又满足了她在销售方面的兴趣。所以，她做起来很有干劲，也做出业绩了。在入职的第一个季度，她的业绩排名就是公司第三名、新人第一名。

我们做不好一份职业，往往不是能力不行，而是它不适合自己而已。

我们可以失败，但不能一直陷在失败的阴影里；我们可以怀疑失败的行为，但是不要怀疑自己存在的价值。 很多人，失败了就觉得自己这也不行那也不行，最终把自己贬得一文不值，然后就一蹶不振了。

当你怀疑自己的时候，只要你对自己的价值还是肯定的，那你就不会失败。

每当我们失败、不如意的时候，总会怀疑自己。当我们失恋的时候，我们会认为自己不够优秀；当我们创业失败了，我们会认为自己的能力不足；当我们蹉跎岁月，年届不惑却依然一事无成，我们会认为自己已没有翻身的机会。

我想说的是，当把这些怀疑全部指向自己的时候，就真的失败了。你要始终坚信，无数次的失败，只是为你的成功在做准备而已。你只是差一个机会，就算你现在一无所有，也依然有出人头地的机会。

著名作家余华成名前，曾投稿投遍了全国各个大小刊物，结果却接到了来自全国各地的退稿信。但他没有放弃，继续写，继续投，结果还是接二连三地接到了来自全国各地的退稿信。但他还是没有放弃，相信自己的作品是最好的。在1987～1988年，他突然接到十几家出版单位给他的约稿信。一个真正有才华的作家，终究是不会被埋没的。

你是金子吗？如果你坚信，那你就是。

　　我认识一个企业家，他是深圳一家 LED 企业的老总，现在已经50多岁了。他40多岁的时候开始创业。40岁之前，他还是一个穷光蛋。在这之前，他一直在寻找适合自己的路。直到他48岁那年，他才拥有了自己的家庭，买了房。他说他曾经怀疑过自己，怀疑过自己在这个世界上存在的价值。为此，他蹉跎了很长一段时间。直到有一天，他发现自己的人生已经快过了一半，如果再这样继续下去，那他这辈子就真的只能这样了。所以，他决定重新开始。人的思维模式一旦改变，就会有全新的能量迸发出来，从而创造出一个全新的自己。他做到了。

当你怀疑自己的时候，当你不再自信的时候，你可以试着做以下事情，让自己快速走出自我怀疑的怪圈：

　　把怀疑聚焦于行为而不是内在的自己。很多时候，我们习惯于怀疑自己的能力，怀疑自己的核心价值，那样做会彻底击倒我们。试着把焦点转移到自己失败的行为上，例如考试失败了，是因为我们没有足够的时间复习，而不是我们的学习能力不行。

　　直面失败的事实，不泄气。面对失败，我们不要去逃避，而要学会从失败中吸取教训，以让自己做得更好。否则，就永远没有机会，永远会在怀疑自己的怪圈中兜转。例如，有些人恐惧当众讲话，是因为偶尔一次讲话之后，受到嘲笑和打击，从此不敢再登上舞台，认为自己永远都学不会当众讲话。所以，他永远怀疑自己，因而也就只能永远与自信地当众讲话无缘。

　　永远不放弃做你认为正确的事情。怀疑自己的人很容易放弃自己想要追求的东西。例如在爱情上，如果你不够爱对方，一旦遇到什么挫折，你就很容易放弃，因为你内心不够坚定，总在怀疑自己是否爱得值。其实，只要是你内心认定的东西，就应该勇敢地坚持下去。时间会给你丰厚的回报。

　　别再把时间浪费在怀疑自己上了。在这个世界上，你可以怀疑社会的公正性，可以怀疑竞争环境的透明度，唯一不能怀疑的就是你自己。毕竟，你都怀疑自己了，还有谁会相信你呢？但不怀疑自己并不是始终认定自己没有任何错误，那是盲目自信。不怀疑自己，指的是不轻易地否定自己，不轻易地将自己推向失败的泥潭。同时，你能够告诉自己，你对得起自己的良知。

Part 9

结果：
没有行动力，
就等着被淘汰

梦想是用来实现的，不是用来自我安慰的

元旦刚过，朋友向我喊出了他新年的梦想：今年要存钱买一辆车，然后还要去国外旅游两次。

我问他："你去年的梦想是什么？"

他不假思索就答道："去年的梦想是升职为经理，然后存5万块钱。"他这样毫不犹豫，说明这个梦想在他的心里确实存在过，并且他也实施过。

"那梦想达成了吗？"我继续问。

我这一问，倒把他难住了。他支支吾吾，终于说："升职没成功，存款只有3万。"

我问他："那你觉得没有完成的原因是什么呢？"

他想了很久，不好意思地说："没升职一方面是因为自己能力不足，另一方面是因为平时也浪费了很多时间，没有很用心地去提升自己。没存够5万块钱是因为总抵挡不住诱惑，去买很多东西。"

对于大多数人来说，一个没有经过内心思考并用心去提升自己、努力执行的梦想，永远都只是个空口号。

记得我上大二那年，同学 A 告诉我，他今年的梦想是要拿奖学金。

我问他："为什么突然有了这个梦想？"

他说："我周围的朋友都拿了奖学金，唯独我没有拿过。所以，我今年也要拿一次。"

我表示很支持他。

可是开学后，他该玩的游戏还是玩，每天早上 7 点起来玩 DOTA，玩累了就爬上床睡觉；该缺的课还是缺，老师点名他总是不在，要不就叫好朋友们帮着顶替他应对老师的点名。

我在旁边提醒他："嘿，伙计，你可是说过要拿奖学金的啊！"

他抬头看看我，笑了笑，没有回答，继续玩他的游戏。

或许在他的心里，拿奖学金这个梦想早已被忘得一干二净了。

期末考试，结果可想而知。

原来，很多人的梦想，都只不过是安慰自己而已。

成功者与失败者的区别，在于前者做到了而后者没有做到。

企业通常会做长期规划、中期规划、短期规划。每到年底，公司会用长达一个月的时间去做明年的规划，然后各个部门会根据公司的规划做部门的规划。当部门的规划都能够顺利达成的时候，公司的规划也就达成了。所以公司规划的达成，取决于各部门的执行力。

梦想也一样。当我们确定了梦想之后，结果就取决于我们的执行力了。

没有行动的梦想是虚幻的梦想，如果我们不能将它执行下去，那就是一纸空文！

口中的梦想是不能和现实画上等号的。只有具有强大的执行能力，将梦想变为现实，才能成为生活的强者。

什么是执行力？执行力就是对于目标能够不折不扣地完成！个人执行力的强弱取决于两个要素——个人能力和个人意愿。能力是基础，意愿是关键。

如何提高个人执行力

2017年5月5日，印度神片《摔跤吧！爸爸》在国内上映，4天票房便已过亿。这部影片，给我留下最深印象的，不是它的情节，而是片中的主人公成功背后的逻辑。

电影中的主人公马哈维亚·辛格·珀尕，因生活所迫放弃摔跤。他希望儿子可以帮他完成梦想——为印度赢得世界级金牌。不料命运弄人，他生了4个女儿。就在他以为自己的梦想快要破灭的时候，一个偶然的机会，他发现了两个女儿吉塔和巴比塔的摔跤天赋，从此决定要把她们训练成世界级的摔跤选手。这期间，两个女儿从不愿意练摔跤到主动训练，不断提高对自己的要求，尤其是吉塔，最终拿到了世界级金牌。这个转变的过程，其实就是提升个人执行力的过程。

在这里，结合这部电影，看看我们该如何提高自己的执行力。

找到你真正的天赋。找到你真正的天赋，是提高你的执行力的关键。在我的第一本书《在最能吃苦的年纪，遇见拼命努力的自己》中，我写了关于如何找到自己的天赋的内容。天赋是一个人天生擅长的事情。如果没有从事符合自己天赋的工作，你就会比很多人成长得慢。在成长的道路上，你会因为各种挫折而慢慢地放弃自己的梦想。这样一来，执行力也就无从谈起了。

找到你真正的天赋最简单的方法，是从自己小时候做得最好的事情中发现。小时候，在学习过程中，你学得最好的是哪一科？语文？数学？被老师表扬最多的事情是什么？比如，我上小学的时候，语文成绩是最好的。我写的作文，经常被老师拿到课堂上作为范文朗读。在后来的读书和工作中，我都会陆陆续续写文章。所以，我的天赋是写东西。

　　《摔跤吧！爸爸》这部电影中的父亲，刚开始没有想过让女儿吉塔和巴比塔去练摔跤，直到她们把邻居的两个小男孩打得鼻青脸肿，他才发现她们的摔跤天赋，从而决定用一年的时间，去让她们练习摔跤。

　　将被迫做的事变成主动去做的事。这是提高执行力的重要因素。如果一个人不愿意做一件事，他就会找种种理由不去做。这样一来，执行力就无从谈起了。

　　吉塔和巴比塔刚开始并不愿意练习摔跤，因为这只是父亲的梦想，而不是她们的梦想。但是迫于父亲的威严，她们不得不练习。

　　然而，练习摔跤对她们来说是一件很痛苦的事情。吉塔和巴比塔每天早上 5 点就必须起床训练；为了保持健康的身体，她们必须放弃最爱吃的油炸食品；她们还必须面对村民们因为世俗观念而对她们的指指点点；由于训练场是泥地，她们的长头发很容易被弄脏，所以父亲执意要把她们最爱的长头发剪掉。这对爱美的女孩子来说，无疑是巨大的打击。

　　以上种种原因，让吉塔和巴比塔对摔跤产生了厌倦。她们开始想尽办法来抵制训练，如将早起的闹钟调延迟、将训练场的灯泡弄坏、在训练时假摔。她们还不顾训练，偷偷逃去参加朋友的婚礼。

　　眼看吉塔和巴比塔就要放弃摔跤训练，父亲只好去婚礼现场找她们。当着众人的面，分别给了她俩每人一巴掌。

　　在婚礼现场，新娘告诉她们，她多么希望有一个像她们爸爸这样的爸爸，为女儿的命运考虑。新娘 14 岁就要嫁给一个从未谋面的男人，一辈子与锅碗瓢盆为伍，相夫教子。新娘没有选择自己命运的机会，而她们父亲却能顶住各种社会的压力，打破传统，让她们能够选择自己的人生。

　　这一巴掌和新娘的忠告，让吉塔和巴比塔终于明白了父亲的良苦用心以及练习摔跤对她们人生的意义。从此，无论训练多苦，她们都毫无怨言，不用父亲督促，她们也会加练。

当一个人能够主动去做一件事的时候，他的执行力就爆发了。

和高手在一起，学习最先进的技术。要提高你的执行力，你必须成为一个很厉害的人。在上面的章节，我们学习了很多提高能力的方法，在这里，我再给大家介绍一种方法。

俗话说，和什么样的人在一起，你就会成为什么样的人。让你变得厉害最快的方法，是和高手在一起，学习最先进的技术。

在电影里，吉塔找不到女子摔跤手和她进行比赛，父亲就让她去参加男子摔跤比赛。通过和更强的人比赛，吉塔的进步很明显，很快赢得了市里的冠军。通过进一步的努力，她进入了省队，拿到了全国冠军。

然而，吉塔的梦想是拿到世界冠军，她渴望去国家体育学院训练。这样，她就可以和全国摔跤成绩最好的人一起训练，可以学到最顶尖的技术。通过这段训练经历，加上父亲的点拨，吉塔的摔跤技能大大提升了，终于如愿获得了人生的第一个世界冠军。

制定目标很重要，但要一步步去实现，才能获得自己想要的结果。愿你能够提高自己的执行力，不让自己的梦想只是在安慰自己而已。

如何设定可行的目标

读到这章的时候，我相信你对自己的未来已经有了清晰的构想和目标。

人生就是这样，当你的目标越来越清晰的时候，你会变得越来越自信，从而越来越能够掌控自己的命运。

但对于大多数人来说，有了目标还不行，还需要学会如何实现目标。

在这一章，我将与大家共同探讨如何制定人生各个阶段的目标，并为你提供可行的工具和方法，让大家能够实现梦想。只要你能够按照我的方法去做，相信和现在的你相比，一年后的你会大不一样。一年后的你，肯定会感谢现在努力的自己。

如何制定正确的目标

没有目标的梦想是空想，没有梦想的目标是欲望。也许你有着远大的梦想，但是如果你不把梦想分解成一个个可实现的目标，那梦想可能就永远是梦想。

如何设定正确的目标呢？设定正确的目标，须符合"SMART"原则。"SMART"分别是几个英文单词的首字母，具体如下：

第一，目标要是具体的（Specific）。 你的目标必须是具体的。怎样才是具体呢？就是要用具体的语言清楚地说明要达成的行为标准。比如，你的梦想是成为一个在职场中很厉害的人。厉害的标准有很多，如果只是说"厉害"，就不够具体，你需要明确要取得哪些成果，从而让"很厉害的人"这个目标变得清晰而且明确，这才是你真正的目标。比如"成为公司的销售冠军"，这个目标就很具体。

第二，目标要是可衡量的 (Measurable)。 你的目标必须是可衡量的。可衡量就是你的目标是可数量化或可行为化的，验证目标实现的数据或信息是可以获得的。例如，你要制定一个存钱目标，就不能光说"存很多钱"，而要把存钱的具体数目写出来，比如，你可以说"存 10 万元"。

第三，目标要是可实现的（Attainable）。 你的目标必须是可实现的。有很多人制定目标，完全脱离实际。这样的目标就失去了意义，因为根本就不可能实现。我曾经参加过一个培训，在培训过程中，有一个上讲台讲述自己年度目标的环节。很多人一股脑儿冲上去，对着所有人喊出了自己伟大的目标："我今年的目标是存100万。"看似有远大的理想，但这个目标对于一个普通人来说，其实是非常不现实的。你可以有这个梦想，但目标却是用来实现的。最好的目标是，你跳一跳，加把劲努力，是可以达到、可以摸得着的。

第四，目标要具有相关性 (Relevant)。 具有相关性，不仅指你的目标必须是和你的梦想、使命、职业规划相关，还指它和你的其他目标也是相关联的。这就是我们前面所说的有目的性。没有相关性的目标，是在浪费时间。

比如，你的梦想是想做一名讲师，但是你今年的目标是考上公务员。于是，你拼命地复习以应对公务员考试，那你的目标和你的梦想就没有相关性了。

你的梦想和目标相关性越大，成功的概率就越大。

第五，目标要有时限性 (Time-bound)。 你的目标必须是有时间限制的。没有时间限制的目标，等于一纸空文。例如，你的目标是在深圳买一套房，到底是今年买呢？还是40岁的时候买？还是退休后买？差别会很大。

给自己定下最想实现的目标

掌握了设定目标的 SMART 原则，我相信你已经可以制定出一个完全符合你实际情况的目标了。接下来，请根据你的梦想和职业规划，写出一年后，你想要实现的目标。你要记住，实现这些目标，必须能够帮助你实现你的梦想。例如，你现在25岁，你的梦想是在30岁的时候成为百万富翁，那么，你该如何实现这个梦想呢？

想成为百万富翁，首先必须确定你该如何赚钱，是通过创业还是通过打工？如果是创业，你要考虑如何利用剩下的5年，来实现你的梦想。你需要将成为百万富翁的这个梦想分解到这 5 年，制定每年的目标。只要你每年的目标都实现了，那你的梦想自然而然也就实现了。

现在，先想想：你人生中最重要的梦想是什么？你的生涯规划是怎样的？接下来，想想你一年后最想实现的几个目标是什么，然后，把它们写在表 9.1 里：

表 9.1 个人目标一览表

板块	子板块	具体目标
金钱财富	收入	
	存款	
个人成长	学习知识	
	练习专业技能	
	提升素质能力	
人际关系	积累人脉	
身心健康	娱乐	
	运动	

你也可以根据自己的情况，自行制作表格。然后，将你的具体目标填上去。例如"金钱财富"板块的子板块中的"收入"的具体目标，你可以写"每月收入 5 万元"。"存款"的具体目标是"每月固定存款 2 万元，并且在 10 号之前存入 XX 银行账户"。

当你有了可行的目标，接下来，你的梦想才有了实现的可能性。

接下来，让我们来学习如何实现这些目标。

用梦想剥洋葱法细化你的目标

1984 年，在东京国际马拉松邀请赛中，名不见经传的日本选手山田本一出人意料地夺得了世界冠军。当全世界的人都好奇他是如何取得如此惊人的成绩时，他在自传中这么写道：

每次比赛之前，我都要乘车把比赛的线路仔细地看一遍，并把沿途比较醒目的标志画下来，比如第一个标志是银行，第二个标志是一棵大树，第三个标志是一座红房子……这样一直画到赛程的终点。比赛开始后，我就以百米的速度奋力地向第一个目标冲去；等到达第一个目标后，我又以同样的速度向第二个目标冲去。40 多公里的赛程，就被我用分解的几个小目标轻松地跑完了。起初，我并不懂这个道理。我把目标定在 40 多公里外终点线上的那面旗帜上，结果跑到十几公里时，我就已经疲惫不堪了，我被前面那段遥远的路程给吓倒了。

对很多人来说，设定正确可行的目标并不难，难的是如何实现这些目标。如果目标太过远大，我们往往不知道从何下手，或者因为一时无法达成而泄气。就像山田本一一样，当他把目标定在 40 多公里的终点时，还没跑完一半他就疲惫不堪了。

所以，实现人生目标最好的方法，是将大目标分解成一个个小的目标。

在这里，给大家介绍一种将大目标分解成小目标的工具：梦想剥洋葱法（见图 9.1）。

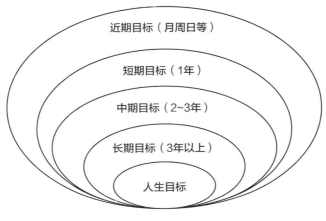

图 9.1 梦想剥洋葱法

通过梦想剥洋葱法，将你远大的梦想，分解成为每月、每周、每天的目标，最终使你的目标可视化，也变得容易实现。

想一想：你的人生目标是什么？要实现你的人生目标，你的长期目标是什么呢？中期目标和短期目标呢？

把这些目标写在你的笔记本上，也可以专门建立表格来规划它们。

最重要的还是确定近期目标，因为近期目标实现了，离更大的目标的实现也就更近了。

如何制定可行的行动计划

该如何让你的近期目标更具可行性呢？下面，给大家介绍一种行动计划工具：生涯规划行动甘特表（见表 9.2）。

表9.2 生涯规划行动甘特表

生涯规划行动表				甘特图			
板块	子板块	具体目标	具体行动计划	XX 年 XX 月			
				第一周	第二周	第三周	第四周

填表说明：

1. 将你上一节的目标填在这个表上，然后针对每一个小目标，填写具体行动计划；

2. 这个表是具体到每一周的，甘特图显示的是你完成具体行动计划的进度；

3. 严格按照此表来行动，你完成计划的能力会大大增强。

如何真正让你的时间变得有价值

我曾经感慨，多希望自己每天能有 28 小时。可是这不可能，我也跟大家一样，每天只有 24 小时。对于每个人来说，这个世界唯一公平的就是时间。

因此，有人说，人与人之间的差别，取决于业余时间的利用。我想说，真正能造成人与人之间的区别的，并不只是业余时间的利用，更重要的是，你的所有时间是如何利用的。

你的时间用来做了什么事情，决定你将收获什么结果。如果你无所事事，就很可能虚度青春，最终一事无成。时间只有被有效利用了，才真正变得有价值。

我曾经也浪费过很多时间。现在回忆起来，那段日子在我的人生里是荒芜的，因为我一无所获。直到最近几年，我才真正感受到时间的价值。

我在 3 年之内写了 3 本书，平时还要兼顾上班、做课件、讲课、创业公司的管理、交际、陪家人等，可以说，时间对我来说非常宝贵。

真正让你的时间变得有价值的，是用最少的时间，做更多有价值的事情。

对每个人来说，有效利用时间，才能让你变得和别人不一样。

用双轮矩阵让你的时间变得有效

在这里，给大家介绍一个行动计划工具：双轮矩阵（见图 9.2）。双轮矩阵是由亚洲第一位经 ICF 国际教练联盟认证的大师级教练郑振佑（Paul Jeong）提出的，是在目标和行动计划已定的情况下，通过对上一时间周期行为的反思，制定下一时间周期的行动计划。

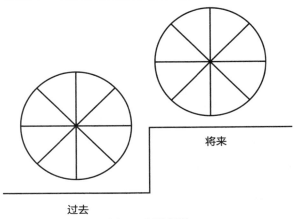

图 9.2 双轮矩阵

双轮矩阵的使用，需要结合上面章节提到的制定目标和行动计划的内容。通过双轮的不断滚动，不断优化你的目标和行动计划，从而让你做的事情更加贴近你的目标，让你的时间变得有效。

利用双轮矩阵的方法，可以对你所做的事情进行深刻的反省并进行有针对性的计划和调整，但这还不够，你还需要加强时间管理。

当你利用好每周、每天的时间，你也就利用好了每月的时间。接下来，我以周为单位，讲讲该如何让自己的时间变得有价值。

将你所有的事情按照轻重缓急进行分类。如果做事情抓不住重点、关键点，你就不知道把精力放在哪里，从而出现忙乱无序的状态，最终导致忙而无用。

所以，你一定要花时间去思考，哪些事情是你的重点、关键点。你可以将所有的事情通过表格分为三类：A 类（既重要又紧急）、B 类（重要不紧急）、C 类（不重要紧急、不重要不紧急）。

一般这项工作需要在周日完成。这样，在接下来的一周里，你就有了工作的方向。

对上周的工作进行总结。善于利用时间的人，一周的开始不是周一，而是周日。利用双轮矩阵，在周日，你一定要花一个小时左右的时间，对上周工作进行总结、回顾、分析。

具体分析方法如下：

第一，回顾目标完成情况。回顾上周，围绕你的目标（工作目标、生活目标、成长目标），你做了哪些事情？有哪些是完成得比较好的？为什么会完成得比较好？下次是否可以借鉴？没有完成的事情，是什么原因导致的？是心态不好还是方法不对？下次如何避免？

第二，分析效率。对所做的事情进行分析，看看你的工作效率如何。如果效率不高，是什么原因导致的？

第三，关注困难。 在完成目标的过程中，是否遇到过特别大的困难？针对这些困难，你有很好的解决方法吗？如果没有，你可以在下一周计划周期里将这些困难列入你的 A 类事项中，跟你的领导、同事进行讨论并解决它。

做好下周的计划。 做好了上周的总结之后，你需要花两个小时的时间，做好下周的计划安排。每个人每周做的事情都不一样。但每天所做的事情，有一定的规律，在这里给大家一点建议：

周一、周二： 可以把一些例会、专题会议、需跨部门沟通的事情、事务性的工作放在周一或者周二。而且这些会议最好放在上班后一两个小时或者下班前一两个小时。

周三、周四： 重点做这周重点、难点、关键的事情，也就是 A、B 类事情。

周五： 查看这周还有什么事情是没有完成的，如果有，这一天提高效率完成它。

周六： 周六如果没有工作安排，则可以安排锻炼、购物、和家人一起吃饭等，也可以安排学习。我每周六一定要安排时间学习专业知识、提升能力。平时工作很忙，如果周末再浪费时间，那你可能永远都不会成长。

周日： 周日可以做上周的总结和下周的计划。同时，在空余时间，可以做一些自己感兴趣的事情。

每天晚上： 工作 8 小时以外的时间，会拉大你和他人之间的差距。所以，一定要利用好下班后的时间。我每天晚上吃完饭、洗完澡，基本上都是在写作。因为平时工作太忙，所以只能利用下班后的时间。下班后的时间很宝贵，可以用来做你觉得最重要、最有价值又能帮助你成长的事情。在你的计划里，一定要把晚上的时间利用起来。

让你的时间变得有价值的关键点

时间是宝贵的，但是运用不当，也会让你事倍功半。所以要注意以下关键点：

第一，利用时间要考虑周全，但要向重点目标倾斜。你不仅要工作，还要生活；不仅要拼事业，还要学会享受生活。但要有轻重之分。在你年轻的时候，你的大部分时间，应该是花在事业上，然后花一小部分时间在运动、娱乐和休闲上。当然，也有一部分人可能跟我持相反的观点，但如果你想获得事业的发展，那大部分的时间都应该放在事业上。毕竟，你的时间花在哪里，你就在哪里成长。

第二，一定要保证有效。很多人，表面上做了很好的计划，也花时间去做了，可是效果却很差。原因在于，他根本就没有用心去做事情，只是看起来很努力。所以，既然定了目标，就静下心来认真地完成它。要保证只要花了时间，就要获得自己想要的结果。

聚焦：如何提高专注力

朋友Y告诉我，他准备报名参加高等教育自学考试（成人自考），问我该如何提高自己的考试通过率。

我告诉他："你先看看距离考试还有多长时间，然后根据科目，做一个考试复习计划。"

Y很快就做了一个复习的计划，拿给我看。我一看，发现他的计划非常详细。

我对他说："如果你能够按照这个计划去复习，那你一定可以通过。"

他听了，很高兴，说："刘老师，我一定会考过的。"

看他很有信心的样子，加上他明确的目标和详细的计划，我也相信他一定可以考过。

这之后，我很久也没有见过他。

后来，在他的微信朋友圈，我看到他经常发在图书馆复习的信息。我知道他很努力。

有一天，我看到他在朋友圈发了一条信息：很遗憾，自考考了4门课程，只过了1门。继续加油吧！

我很纳闷，怎么这么努力还过不了呢？有可能是方法不当吧，我心想。

有一个周末，我在书城遇见他。他一见到我就向我诉苦："刘老师，我那么努力，可是还是过不了，真是浪费时间！"

我对他说："是啊，花了那么多时间，只过一门，确实有点可惜。可能是你方法不当吧！改变一下复习方法，继续努力，下一次一定过！"我鼓励他。

他说："刘老师，我下次一定过。你看我周末都过来书城复习了。下下个月又有考试，我继续加油吧！"

我对他说："那就不打扰你复习了。"

于是，我就坐在旁边看起了书。

刚开始，Y还很认真地做着题。可几分钟后，他开始不自觉地抬头四处张望。他一会儿拿起手机翻阅，一会儿拿起耳机听歌；放下手机后，他又开始做手里的试卷；几分钟后，他又放下手里的试卷，拿起旁边的一本书看了起来；看了几分钟后，他又开始认真地做起了卷子。

可是，几分钟后，他又拿起了放在旁边的手机，继续随意翻阅，还时不时发出笑声，看起来手机的内容很搞笑。

　　我坐在他的旁边，发现在一个小时里，他在复习、看手机、看书中不停地转换着，从来没有专注地做一件事情超过 10 分钟。

　　在那一刻，我终于知道为什么他那么努力复习，却没有考过的原因了。

　　从表面看，他是去书城复习了，但在此过程中，他真正用在复习上的时间少之又少！他不断地做着与复习无关的事情，如看手机、看别的书籍等。

当一个人不能够专注地做事的时候，那他所谓的努力，都只是在欺骗自己而已！

　　很多人，每天重复地做着这样的事情：

　　手头上的工作做了一部分，头脑中突然出现了周末要去逛街的念头，于是放下手上的工作，和旁边的同事聊起了逛街的事情；

　　拿在手里的书看了几分钟又放下，不自觉地拿起旁边的手机，随意地翻阅起新闻、朋友圈；

　　写一篇文章，写了三分之一，突然灵感中断，难以为继，于是打开电脑上的视频看了起来。

　　如果你也有以上经历，那说明你也在做着欺骗自己的努力。

　　当你感叹目标难以实现的时候，问问自己，你是否真的用心地在做事？你的成效如何？

　　当你花了很多时间去做事的时候，问问自己，你的时间有多少是花在了真正有用的事情上？

　　当你付出努力却没有成功的时候，问问自己，你是否真的专注地为你的目标付出了？

　　没有专注力，就不能高效地实现目标。

　　我曾经也是一个专注力不高的人，喜欢一心多用。本来可以一个小时完成的事，我经常半天都没有完成。

直到有一天，我知道时间对我来说，异常宝贵，我才开始有意识地训练自己的专注力。训练专注力的方法我尝试过很多，下面跟大家分享几种比较有效的方法，希望对大家有帮助。

切除外界联系，创造专注的环境。在你做事的过程中，经常会被很多外在的事物影响，如电脑、手机、嘈杂的人群等。你可以在做事情之前，就把网络关掉、把手机放好，给自己找一个安静的环境，切除与外界的联系。这样，你就可以专注于做自己的事情了。

但很多时候，你没有办法完全做到切除与外界的联系，所以，要训练自己在有外界干扰的情况下，依然能够专注地做事的能力。

有的人，需要在安静的情况下，才能认真地看书，但是有的人，即使在嘈杂的环境中，依然能够认真地看书。这就是"心静自然凉"。

毛泽东在年轻的时候为了训练自己的专注力，曾经给自己规定到城门洞里、车水马龙之处读书。为什么？就是为了训练自己的抗干扰能力。

试试让自己在嘈杂的环境中，去做一件需要高度集中注意力的事情，久而久之，你的专注力一定会大大提升。

聚焦：活在当下，尝试只做眼前的事情。活在当下，是一种感悟，也是一种智慧，更是一种积极向上的人生态度。其本质是，顺其自然、没有任何挂碍地活过每一秒钟。为什么要活在当下？因为一秒之前的你，已不是你，它已过去了。过去不可得，谁也抓不住过去的事情。一秒之后的你，也不属于你。所以，做好眼前的事，你就可以收获一秒之后更好的自己。

活在当下，就是干任何事时，脑中只能想这件事，其他所有与此无关的事，均抛诸脑后。将自己的所有精力、所有心思都集中于此事。

人生规划，要想得长远；但做事的时候，要聚焦于当下。

训练让自己心静如水的能力。对于你来说，有多久没有心静如水地去做一件事了？当内心浮躁的时候，你很难专注于一件事。

现在，请拿出一张报纸和一支笔。用 8 分钟，从 1 写到 300，中间不可以写错或者涂改，写错的话就要从头开始。随着你的熟练程度越来越高，你需要的时间就会变得越来越短。

当你能够准确无误地写到 300 的时候，你内心一定是心静如水的。通过这项训练，你的专注力一定会大大提高。

养成一定要达成的心态。 在做事的时候，我们经常会遇到很多外在的诱惑，例如逛街、看电影、玩游戏等。特别是在遇到难题的时候，我们更容易受到外在诱惑的影响，从而放下手中的事情，去做那些不相干的事情。

所以，在做事的时候，我们一定要给自己定一个期限，告诉自己，一定要在这个期限内完成，养成一定要达成的心态。

当受到诱惑的时候，我们可以强迫自己回到要做的事情当中，不要让它拖到下一个周期。

当我们从内到外地提升自己的专注力的时候，一定可以很好地达到我们制定的目标。

愿你做一个既能高瞻远瞩定规划，又能脚踏实地做事情的人。

Part 10

厚积薄发：
没有孤独的沉淀，
就没有光鲜的绽放

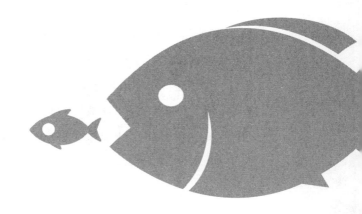

人生之路，在于两条

2014 年，我再次见到阿文。

他已经不是我印象中的阿文。以前的他，是个很害羞的男孩子，穿着地摊货，不修边幅，形象落魄。那时的他，在一个工厂打工。

但站在我面前的阿文，显然已经换了一个人。

阿文穿着打扮光鲜，黑色西装显得成熟稳重，黑色皮鞋更是衬出了他的品位。开着奔驰的他，如果没有告诉我他是阿文，我真的不相信！

我首先开口："多年不见，成长了不少啊！"

阿文："哈哈，还好！我看你也变了不少。"

我答道："嗯。最近在哪里高就呢？"我对阿文的改变很感兴趣。

阿文说："就搞点小生意，然后慢慢就做到了现在。"他轻描淡写，似乎成功对他来说是一种必然。

"前几年听说你遇到了一些困难，应该都挺过来了吧？"对于他的改变，我内心多了一些钦佩。

"是啊！前几年我刚毕业，换了很多工作，每个月的工资都只够自己生活，所以成了'月光族'！那时的我，根本看不到自己的未来！我的家庭条件并不好，父母根本就无法帮助我，我唯有靠自己！"回想起过去的艰难，阿文不禁感慨。

"一切都过去了！现在都变好了！"我鼓励他。

"是啊，过往的艰难时刻，我只能咬牙坚持！挺过来，天就亮了！"阿文似乎颇感自豪。

"你觉得是哪方面的改变，成就了现在的自己？"我想找到他改变的根本。

听了我这个问题，阿文打开了话匣子。

"前几年，我摆过地摊，去工厂做过普工，做过维修工，也做过销售等。每份工作，我都做不到半年。那时的我，纯粹就是为了混口饭吃！所以，我每天都是在用时间来换点生活费。为什么叫生活费？因为我根本就没有其他业余生活。别人去看电影，我没钱；别人去旅游，我没钱。我的钱只够我生存。久而久之，我发现，这些年，我的年龄增长了，但经验、能力、收入并没有增长。随着时间推移，我发现我越来越难生存。因为年龄增大了，我再也没有找工作的优势了。以前，人可以以年轻为借口继续混，但年龄大了，就再也混不下去了。因为要成家，我的负担加重了！可是收入还是跟以前一样，生存对我来说变得越来越困难。"阿文一口气说了很多。

是啊，多少人刚开始只是为了生存，有工作就做，每天混日子，结果越混就越没有上进心。就这样，一步步陷入恶性循环，最后连生存的机会也混没了。

"那你后来怎样了？"我问他。

他抬头看看我，说："有一次，我在户外打球，碰到了一个球友，他是做布料生意的。后来，我们聊到了我的情况，他告诉我，可以做服装生意。其实，我那时啥都不懂，但是已经到了山穷水尽的地步，就跟家人借了不到800块钱，想进一批衣服来卖。我去进货的时候，别人问我有多少本金，我说800块。结果别人嘲笑我说，800块钱能做什么生意？"

"那你当时是怎么想的？"听他自嘲的口吻，我知道被人看扁的感觉确实不好。

"我感到被鄙视了，确实，800块钱对很多人来说，不算什么，可是对我来说，却是救命钱啊！说实话，我只能靠着这800块来养活自己。面对别人的冷嘲热讽，我只能将苦涩往肚子里咽。于是，我强装欢笑对那老板说，给我500块的货吧！我还要留下300块，万一亏本了，我还有钱吃饭。"阿文跟我说起了他第一次创业的故事。

"800块就创业，你确实让人佩服啊！"我对他的经历有了更多的兴趣。

"那时我也是迫不得已。谁不想拥有很多现金流？这样创业成功的概率也大。"他继续说道，"那老板一听我要500块钱的货，就愣住了，说：'500块钱批发不了几件衣服，即使批发给你也赚不了什么钱。我仓库角落还有500多双卖剩的袜子，你要的话，500块就全部批发给你！'"

"500块批发500双袜子，听起来不贵哦。"我附和道。

"是的，我当时听了也觉得不贵。可是，当我看了这批货之后，发现那些袜子都不是成品，每双袜子还是连在一起的，需要我回去把它们剪断才可以拿出去卖。我当时有点犹豫，可是想想，去其他地方估计也进不了什么货。于是，我咬咬牙，就批发了这批袜子。当时，我还花了几十块钱，雇了一辆车，把这批袜子运回我住的地方。我连夜用剪刀把这些袜子剪开。第二天，我就拿到市场去摆地摊，以3块钱一双的价格卖出去。结果，这些袜子竟出乎意料地热销，一个晚上就全部卖掉了。那个晚上，我赚了1000多块钱。"阿文越讲越自豪。

"机遇总是留给有准备与坚持的人的！"我称赞道。

"那晚，我一夜没睡着，因为我人生第一次做生意赚了钱。但是以后，我再也没有批发到这么便宜的货。我只能用这1000块钱，去批发一些衣服来卖。衣服不好卖，每天赚的钱只够我吃住的开销。就这样坚持了一阵，我发现虽然每天很辛苦，但也乐在其中。慢慢地，我喜欢上了这份职业。可是没赚到钱，我有时也会动摇，到底要不要坚持下去？我思考很久，想到自己没什么别的技能，就只能靠做这个来谋生了！而且，我觉得这就是我正确的方向，我选择对了。如果我继续为了稳定的生活而在工厂打工，也许我可以衣食无忧，但是我会做得不开心。于是我告诉自己，无论多辛苦，一定要坚持下去！"他开始感慨。

"然后，你就一直坚持到了现在？"我问他。

"是的，因为我告诉自己，选好了的路就要一直走下去。坚持了两年之后，我开始对这一行有了更深的认识，也知道去哪里可以找更便宜的货，也认识了很多客户。幸运的是，有一次，有一个客户一次性跟我要了上千件衣服。就这样，我有了更多的资金和客户，也越做越大了。我很幸运自己坚持了下来。"说到这里，阿文眼睛有点湿润。他应该是为自己过往的辛酸经历感慨万千，但是对自己的坚持，又感到无比的自豪。

我为阿文的改变感到由衷的高兴。原来，对于很多人来说，**人生之路真的在于两条：一条是选择，一条是坚持。**

选择了正确的方向，你才能迸发出你所有的能量和热情。而选择了错误的方向，只会让你越陷越深。

所有的一事无成，都归结于两个原因：一个是方向不对，一个是不懂坚持。如果去做自己不擅长的工作，就无法比别人做得更好，如何成功？或者方向对了，却不知道如何坚持下去，让自己变得更好。

对于每个人来说，选择是一种智慧。当你喜欢这份工作，当这份工作可以让你忘记时间，它会给你带来成就感；当它满足了你最看重的需求，当它能给你无比硕大的想象空间，也许你暂时看不到前景，你也可以告诉自己，你选择了正确的方向。

当你有了正确的方向，你才有资格谈坚持。否则，一切坚持都是自我陶醉，一切努力都只是看起来很努力！

问问自己：你的选择是否足够理智而清醒？你的坚持，是否足够走心而坚定？

无路可走时，即使弯路也是出路

做 HR 那么久，遇见过很多在成长的路上迷茫的人。既有初涉社会不知道该做什么的大学生，也有在职场工作快 5 年想转行却不知道如何抉择的朋友。

4 年前，我遇到一个很特殊的应届毕业生。当时，我公司的一个海外销售岗位正要招人。有一天早上，当打开公司的招聘网页，我发现整个收件箱被一个名字叫"唯一的刘宇的求职简历"刷屏了。看了之后，我心想，肯定是某个"讨厌的求职者"又在海投了。其实，做 HR 的一直很讨厌这种漫无目的重复投简历的应聘者。但他的标题倒是吸引我点了进去。

那是一份很简单的简历。一个学英语专业的大学生，既没有求职目标，也没有吸引我眼球的实践经历，更没有让我心动的技能。所以，我马上关闭了邮件。

第二天，我接到了一个电话。电话那头，是一个男生。他说他叫刘宇。由于昨天看了他的简历，我马上想起了他。

他说他现在在我们公司门外，希望有个机会见面。我没有约他面试，他倒自己找上门来了。他很真诚，一直在说给他一个机会。我似乎有点被他打动了，加上刚忙完手头的事，于是告诉保安让他进来。

进来后，他一见到我就说希望给他一个机会。

我问他："你希望应聘什么岗位？"

他说："我也不知道自己想做什么，但我觉得我能够做好销售工作。我会听从公司的安排，只要给我一个机会就可以。"

我问他："难道你不怕随便选择一个职业而让自己走弯路吗？"

他停顿了一下，说："相比于走弯路，我更怕无路可走！"

我听了之后，内心有点震动！

对于这样一个特殊的面试者，我用了1个小时，比平时还多了30分钟。我试图发现他更多的跟公司岗位相符合的素质。最终我发现，刘宇确实不适合我们招聘的岗位，但是我觉得他适合我朋友的一家公司的销售岗位。所以，我把他推荐给了我的朋友。再后来，他也顺利入职了。

半年后，我朋友告诉我，刘宇离职了。他去了一家英语培训公司做销售。在两年之后，刘宇发邮件告诉我，他现在是一个英语老师了，这是他不断尝试的结果。

原来，有些弯路对于很多人来说，是不得不走的。

很多书告诉我们，毕业后的第一份工作会决定我们一生的发展方向。可是，对于很多大学生来说，根本就不知道自己能做什么，不知道什么职业适合自己。那时，人最大的感觉就是无路可走。**当无路可走的时候，试试去走走弯路，弯路可能就是我们最好的出路！**

就算从专业的职业规划咨询中得知了适合自己的职业是什么，我们依然无法肯定，这个职业百分百适合自己。因为在没有实践过之前，一切都只是飘在空中的。

所以，我们必须去经历！有经历就会有挫折。谁的青春不曾走弯路？只有没有经历的人才不会走弯路！

走弯路不可怕，它会让你成长得更快

挫折和弯路并不可怕，可怕的是害怕弯路。害怕弯路，就是拒绝成功。弯路让人深刻，不经历弯路也不会有大的成功。

史玉柱在创业的过程中走了很多弯路，这让他从刚创业时全国排名第8的亿万富豪，跌落到负债两个多亿的失败者。1997年，他重出江湖，所创建的保健品业务数年之内便成为行业第一，投资的银行股也为其大赚了一笔。2004年，他转战IT界，3年时间即在纽交所（纽约证券交易所）上市，成功融资10.44亿美元，巨人网络一跃成为国内领先的网络游戏开发商与运营商。史玉柱在后来的采访中说，他这辈子最大的财富就是在创业过程中所走过的弯路，让他更加懂得如何更平稳地去经营自己的事业。

或许，没有那些失败，就没有现在的巨人网络。

乔丹在自己的职业生涯中同样走过弯路。1993年夺得NBA总冠军后，已拥有3枚冠军戒指的乔丹开始觉得，篮球生涯很平淡，"没有什么可以挑战的了"。乔丹对于篮球的热情开始减退。恰巧那年，他父亲意外去世。在去世前，他父亲曾经希望乔丹成为一名棒球运动员。父亲的离开让乔丹产生了想要做些什么的念头。他的选择是在一片唏嘘中退役，半年后，他开始了棒球手的职业生涯。

"每天，他是第一个到达赛场，又最后一个离开的人。"他的教练说。乔丹会每天早上6点到达运动场，自己练习，在队友来之前做一些训练。然后，在练习击球前，他会向后引34盎司（0.96公斤）重的球棒300至400次。在一天的训练结束后，乔丹还会对他的击球教练说："我们可以再练一会儿吗？我觉得我已经有点上手了。"

很可惜，他的努力并未让他成为最优秀的棒球手。1994 年 4 月 8 日，乔丹首次参加职业棒球比赛。但一个赛季下来，他在参加的 127 场比赛中，击打成功率仅为 20.2%；30 次盗垒，114 次被三振出局。在 436 次击球中只打出 3 个本垒打，50 个有效击球。他的成绩徘徊在棒球运动传说中的挫败底线"门多托线"附近。

在棒球场上的不如意，让乔丹重新燃起了对篮球的热情。再后来，就是世人熟知的，他又获得了 3 枚 NBA 总冠军戒指。

后来，乔丹在采访中说道，曾经的职业生涯弯道，让他在棒球场上深刻地重新认识了自己的篮球天赋，更让他了解了失败，更加珍惜成功。

每一次弯路都不会白走，只要你一直在前进的路上！
比走弯路更可怕的，是你停止了尝试。

我有一个朋友 N，已经工作 6 年。有一天，他突然想转行了。在过去的那 6 年里，他一直觉得这个工作不适合自己，可是他一直没有下定决心去改变。可能因为讨厌改变现状，可能觉得目前还算安逸，可能不想冒太多风险。目前做着的工作不是他喜欢的，但他也没有利用这段时间提升自己，构建自己的核心竞争力。

直到今年，他原来的公司要倒闭了，他要失业了，所以不得不改变了。但是一方面，他的年龄大了；另一方面，他的能力一直没有提升到相应的水平，所以，他投了很多简历，都没有企业约他面试。

其实，朋友 N 在刚开始的时候就知道自己走了弯路——之前的工作不适合他。可是他并没有用行动去改变，而是停止了尝试，所以他就一直沿着弯路走了下去。

当走弯路久了，这条路就成了你人生的单行道。越往前走，你掉头的难度就越大。所以，有时走了弯路不可怕，关键是你要学会"及时止损"，一旦发现自己走了弯路，就要学会寻找人生的双行道，这样才能实现弯道超车。

如何发现你自己走了弯路

很多时候，很多人走了弯路却并不知道，这比知道自己走了弯路却不去改变还危险。所以，我整理了一些弯路的识别标准，以让大家警醒。

第一，当你的付出与回报长期不一致的时候。面对一份工作，你可能很努力，但是始终得不到你想要的回报，不管是物质回报还是精神回报。当一个人的付出与回报长期不一致的时候，要么是你本身努力不够，要么是你所选择的道路并不适合你。

如果你对你的回报明显不满意，那就意味着你走了弯路了。

第二，当面对一份工作，你感觉倦怠的时候。符合你内心价值观的工作会让你激情无限，符合你兴趣的工作会让你快乐。如果你的工作是和你的人生使命绑在一起的话，你不会感觉厌倦。那如何知道一份工作是不是符合自己的价值观、兴趣和使命呢？可以用一个很简单的方法来判断。

回想一下，当早上闹铃响起的时候，你睁开双眼之后的第一个想法是什么？是在想着又要上班了吗？是对上班感到恐惧吗？是一想到到达公司之后无尽的琐事就烦恼吗？一想到这些，你马上就想着再睡一会吧。还是一睁开双眼，你就很兴奋，你马上就知道今天要做什么，今天对你来说又是新的一天，因为这意味着你又可以度过有意义的一天了。当想到这些，你马上就兴奋地跳起来，刷牙洗脸上班去了。如果你的想法是第一种，那就意味着你可能在走弯路了！

第三，当你全力以赴却无法很好完成本职工作的时候。职业发展的本质是你能够做好你的工作。所以，基于你的天赋和优势进行职业选择，会让你更加容易获得职业上的成功。能力是职业发展的基础。如果你全力以赴，却依然无法做好你的本职工作，说明你可能没有它所需要的天赋。即使你在这个职位上待再长时间，也无法获得别人轻易就可以获得的成就。

例如，我有一个朋友，曾经练过 3 年的钢琴，无奈没有音乐天赋，无论怎么努力，也无法获得周杰伦那样的成就。他曾经想把音乐当成自己毕生的事业。可是，当他不擅长的时候，他就无法比别人做得更好，也就难以获得更大的成就。

后来，他知道自己走了弯路，并很快就转换了职业。曾经，他也觉得自己不适合往音乐这条道路发展，可是不尝试过，他就不甘心。当尝试了之后，他终于知道自己真的不适合。但是他并没有远离音乐，而是成了一名音乐教师。

关于弯路，我们必须知道的

很多事情，如果你没有去经历过，就永远不会甘心！即便别人给你画的饼再好再大，或者把职场描绘得再惊心动魄，也只有你去体验过后才知道。然而，人生并不允许你经常走弯路。关于弯路，你必须知道以下几点，才能让弯路不会成为阻碍你职业发展的因素。

缩短试错的时间。如果你已经走在了错误的路上，没关系，关键是你要停止在错误的方向前进。所以，要学会判断自己是否走了弯路，并迅速纠错。21 世纪最重要的能力是什么？是应对变化的能力。强者都有很强的人生纠错能力，他们能够在瞬息万变的环境里，迅速抓住自己想要的东西，并果敢地放弃眼前看似不错却不适合他的选择，从而缩短试错时间。很多人觉得，可能穷尽一生也未必能够找到适合自己的职业。但真的找不到吗？你可能从来就没有认认真真地去寻找过，而是长时间留在错误的方向上。

减少试错次数。越早找到适合自己的职业定位，你就能够越早获得成功。然而，对于很多人来说，并没有那么好运。你可能一年换了 3 次不一样的工作，这样频繁的试错，对你未来发展毫无益处。所以，我们可以试错，但在开始任何一项工作之前，都必须做好分析，做好职业规划，不要盲目地去更换职业。

要让每一次弯路都留下让你成长的财富。很多人走了很多弯路，却从未总结过经验教训，所以他永远都在走弯路。史玉柱说："作为曾经失败过，至少有过失败经历的人，应该经常从里面学点东西。人在成功的时候是学不到东西的，因为人在顺境的时候，在成功的时候，沉不下心来，总结的东西自然是很虚的。只有在失败的时候总结的教训才是深刻的，才是真实的。"

如何让弯路成为你成长的财富，是需要认真思考的问题。任何一种经历，都不会白过。当你走过了弯路之后，你就能够更加清晰地知道自己喜欢什么，想要什么，从而更加坚定自己的下一个选择，也更容易走向成功！**走弯路是你增值的最好时期！**

每个人都会有那么一段时期走在远离目标的路上，但无论你偏离了多远多久，只要你一直没有放弃目标，终有一天会走在正确的路上。谁的青春不曾走弯路？谁不曾徘徊于人生的十字路口，迷茫绝望？可是，无论道路如何曲折，请你都要怀有希望。"沉舟侧畔千帆过，病树前头万木春。"只因这世界上，没有到不了的明天。你需要做的，就是心怀感恩之心，面带微笑，挺起胸膛自信地生活。

没伞的孩子再难也要奔跑

有句话说，没有伞的孩子要努力奔跑。意思是下雨了，没有伞，你不努力奔跑，就会被雨淋湿。这常常被用来比喻贫穷家庭出身的孩子，没有其他依靠，只能靠自己努力追逐，才能在和富裕人家的孩子的竞争中不落下风。

在父辈那一代，每个人的家庭背景都差不多，也许你努力奔跑，很快就可以脱颖而出。

经常听人感慨，20 年前钱真好赚，只要稍微抓住机会，就能赚钱。

可是现在，听到的是赚钱真难。对于家境不好的孩子，更是难上加难。

没伞的孩子，你要努力奔跑啊！否则，你就落后了。

可是，没伞的孩子，你凭啥快速奔跑？没伞的孩子想奔跑却奔跑不起来，因为雨水早已淋湿双眼，让他无法快速找到方向，注定要被雨淋。

没伞的孩子，再难奔跑。

穷人家的孩子快速成功未必是首选，而靠自己日积月累，也许才是最正确的选择。

　　小时候，表哥家里很穷。他家里有四姐弟，他是家里唯一的儿子。

　　虽说是唯一的儿子，可是穷人的孩子早当家，表哥也没有娇生惯养着，早早懂得一切得靠自己。

　　2000 年，表哥 17 岁。高考失败后，怀揣家人给的 300 块，他只身一人来到了深圳闯荡。

　　记得小的时候，表哥就告诉我，他的梦想是在 30 岁的时候，成为百万富翁。这个梦想一直在支撑着表哥前行。

　　来到深圳后，没有学历、没有工作经验、人生地不熟的表哥在深圳各个工业区兜兜转转了一天，却没有工厂愿意聘用他。

　　后来，他来到了一座写字楼，看到门口贴着招聘保安的广告，可是上面的要求是：身高 170 厘米以上，体重 65 公斤。表哥的身高是172 厘米，身高符合了，体重却只有 50 公斤。

　　表哥不甘心，打电话给招聘负责人，说自己很想做这份工作，希望给他一个机会。

　　就这样，表哥找到了自己人生的第一份工作。

　　很多时候，穷人家孩子的机会，需要拉下面子去争取。

　　表哥的工资是当时深圳的最低工资 419 元，但包吃住。

他的想法是，每个月存200元，这样一年也有2400元了，也可以做点事了。

可是等到年底的时候，舅妈生了一场病，急需用钱，表哥二话不说，就给家里寄了2000块钱，只给自己留了200块。给家里救了急，他一年的收入也就没了。

也许穷人家的孩子就是这样，辛辛苦苦赚点钱，为的就是哪天家里有急事，能帮上忙。所以，他根本就不敢想用自己赚的钱去做自己喜欢做的事。

后来，表哥听说在工地打工工资高，于是就辞职去了工地，日薪30元。这样，一个月他也有900元了，比做保安的时候高了一倍。

工地的钱真的是辛苦钱。夏天的时候，太阳直晒得皮肤发烫，别人都在屋里吹空调，表哥却不得不在外面搬搬抬抬。

表哥摇头苦笑：谁叫我是穷人家的孩子，能吃苦！虽说辛苦，但想想工资还不错，他内心也在不断地给自己鼓劲。

这样的工地生活，表哥坚持了3年。3年下来，除掉花销，他存了将近12000元。

穷人家的孩子，不存点钱，真无法想象以后的生活会变成什么样。

用这12000块可以做点事了，他想，这辈子总不能靠给别人做苦力生活，自己在30岁的时候还要成为百万富翁呢。想到这点，加上他一直做着跟建筑有关的工作，他决定，不如去学点装修设计方面的技能，说不定对以后也有帮助。

于是，他花了将近2000块，在市区的一个培训机构，学了装修设计。

随着年龄的增长，表哥也慢慢成长起来，认识了很多装修行业的人。

慢慢地，他知道，在装修行业，他还是有点资源而且可以利用这点资源赚点钱的。

于是，他和朋友一起承包了一处新房装修。

那些年，他确实赚了点钱。但也吃过很多亏，被朋友骗过，工期延期过，也被罚过钱。

随之而来的结婚、生小孩，让他经济压力很大。

但是慢慢地，他的事业也做起来了。

2013年，表哥30岁了。可是，他还没有成为百万富翁，但他开了自己的公司。也许不少男孩子，都曾经说过这样的话："我要在30岁之前，成为百万富翁。"可是真到了30岁，能成为百万富翁的却少之又少。除非，你本身是含着金钥匙出生的。

用表哥的话说，就是："我期望着暴富的奇迹在我身上出现，但是我又不得不面对现实，回归现实。我需要独自养活自己，还要养活自己的家人，想暴富也暴富不了。但我相信，我的生活会越来越好！"

2016年，表哥33岁。他告诉我，他的公司现在年入1000万，他终于成了百万富翁。

对于贫穷出身的孩子而言，也许在和别人竞争的时候，就输在了起跑线；在下雨的时候，也许没有伞，要被淋成落汤鸡；无法全速奔跑，也许会比别人晚到终点线。但是，只要永不放弃，终有一天，会到达自己想要的终点。

没伞的日子，必须让自己慢慢地成长，变得强大，才能抵御风雨的吹打，熬过那些刮风下雨的最难熬的日子。

也许，我们不是含着金钥匙出生的，但我们可以通过自己的努力，让我们的下一代含着金钥匙出生。每一个人，来到这个世界上，都有他的意义。而我们存在的意义，就是努力奋斗，成长为自己喜欢的样子。

没伞的孩子也许势单力薄，但只要我们走过一段泥泞道路，前方就是坦途。

没伞的孩子，必须学会品尝雨水的苦涩，也许要经历暴风雨的洗礼，但雨停之后，你终会看到七色的彩虹！

只要不放弃，没伞的孩子终会出头！

这世界哪有什么快速成功，都是一步一个脚印

在大学的时候，他曾经迷茫于各种道路选择之间。财务、销售、公务员、人力资源……这样的道路，他都尝试过，为的是尽快找到自己立足的方向。

大学时代，他创业过。他有着巨大的梦想，希望能够在毕业的时候，拥有一份自己的事业。每一个大学生，都曾满怀壮志，可是现实总会告诉你，一切没那么容易。

由于经验不足，空有一身的理想，却缺乏实现理想的能力和胆识。由于不自信、领导力不足，无法让团队成员按要求高质量地实现他的想法。在坚持了半年之后，终因资金短缺，他不得不停止了团队的运作。

这个世界没有一蹴而就的成功。于是，他终于明白，成功从来就没有捷径。

从那时起，他就决定要沉下心来做点事。他写了很多文章。2014年，他的文章已经积累了很多，但是他不敢将那些文章公布出来，因为他觉得还没有足够的经历去支撑一篇好文章。他认识一个编辑，编辑告诉他："你可以把所有文章集结起来，我帮你出一本书。"然而，他拒绝了。

他就是这样的人，虽然不是处女座，却有着处女座追求完美的心态。他希望能够写出更好的作品。

2015年，他试着在网上发表了他的第一篇文章《这些招聘潜规则你不知道，将永远迷茫下去》。谁知，此文一发表，就广受读者的欢迎，被无数平台转载。之后，他又发表了《人生逻辑顺序错了，你将一事无成》等被百万读者称为"醍醐灌顶"的文章。2016年，他写了《如何写出让HR一看就约你面试的简历》这篇非常实用的求职指导文章。这些文章发表后，曾一度占据简书、微博、微信等大型自媒体版面的头条位置，并受到《光明日报》《长江日报》《半岛都市报》《楚天都市报》以及中国大学生在线、思想聚焦、清华南都、新浪网等大型媒体转载，转载阅读量过千万。

于是，两年后，顺理成章地，他的书出版了。但其实在出版前，他曾

感到无比焦虑，害怕自己的作品不够好，会害了读者。然而，随着越来越多的读者来信，他终于下定决心要把这本书出版出来。

这本书的名字叫《在最能吃苦的年纪，遇见拼命努力的自己》。它的作者就是我，这是我的第一本书。目前，这本书已经重印多次，深受读者的喜欢。现在，我将出版我的第三本书！

不敢说自己已经成功，可是我也明白了一个道理：原来，当一个人处于低谷的时候，不应该一味挣扎，而应该学会享受孤独，品尝寂寞，默默地提升自己！

种一棵树最好的时间，是10年前，因为在它看到阳光之前，需要在暗无天日的泥土里吸收足够多的养分，才足以支撑它冲破土层。然后，用10年的时间，它才能长成参天大树。种一棵树第二好的时间是现在，因为这决定它10年后是否能够长成参天大树，只是时间晚了10年而已。

很多人小时候总梦想能够快速成为百万富翁，可是在积累足够多之前，一切都是天方夜谭。没有人可以一口吃成一个胖子。当你的才华撑不起你的梦想时，你要静下心来，做好以下事情，才能让自己走得更加平稳：

第一，你提供的价值是你立足的根本。 任何一家企业，都是靠提供优质的服务和产品，来获得市场地位的。个人也是一样的。当你的梦想还没有实现的时候，先问问自己：我现在能够提供的价值是什么？你能够提供的价值越大，就能够获得越大的回报。如果你的能力还不足以支撑你的梦想，别抱怨，先好好锻炼自己吧。毕竟没有根基的大厦，总有一天会倒！

第二，定位是你这辈子最应该做的事情。 没有定位，你会像无头苍蝇一样，东飞西闯，最后力竭倒地，生命终结。没人能够驾着一艘没有导航仪的船到达彼岸。曾经有段时间我很忙，可效果却很一般，因为定位不清晰，导致一切都是徒劳。定位的原则是越窄越好。集中精力做好一件事，别想着大而全，那会让你吃力不讨好！

与其每天花大力气盲目地干，不如花点时间想想你的定位是什么。目标确定了再出发，你就轻松得多了！

第三，世界上没有快速的成功。 很多人都想快速成功，总想跳过积累的阶段，直接就奔着高工资的岗位去。可是，这完全是本末倒置：没有厚积，哪来的薄发呢？

> 我有个朋友，刚毕业没有多久，就跟我说，他很想从事 HRBP（人力资源业务合作伙伴）的工作。HRBP 的工资比较高，但要求也很高。他问我是否有什么方法可以直接从事这份工作。因为他觉得现在做的人事工作太杂了，好像没有成长的机会。我告诉他："要做 HRBP，首先必须有多年的人力资源相关经验。你对人力资源的体系都还不了解，怎么去做 HRBP 呢？"

世界上没有快速的成功。2004 年，有一家公司成立了。前 5 年，它根本没有赚钱或者刚好能够维持公司运营。可是到了 2010 年，它的业绩却突然呈爆发式增长，之后的每一年都是 200% 的增长。成功的黎明到来之前的那段黑暗总是那么漫长，但只要你坚持了，总会等到天亮。

也许你觉得累了，觉得付出总是没有回报：工作多年没有升迁、工资没有涨、跟了半年的客户没有签单。可是，人生之路是那么漫长，只要努力去提升自己，总会有收获和见到光明的那天的。

谁的青春不迷茫？有人说：我的青春正好。然而，虚度的青春不是你的资本。在最能吃苦的年纪，愿你遇见拼命努力的自己。

只要你愿意，什么时候开始努力都可以！也许你现在一无所有，也许你迷茫不知所措，也许你没有勇气，但没关系，不管未来怎样，只要你行动起来就好！因为只有行动才能让你靠近自己的梦想！

后记

感谢你阅读完这本书，不管你是跳着读还是逐页阅读，相信对你都会有非常大的帮助。

今天的你，是由 3 年前的你决定的；3 年后的你，是由今天的你决定的。

有时候你的一个决定，可以改变你的一生。

如果你完全践行这本书所有的方法，使用其中所有的工具，相信 3 年后的你，会跟现在完全不一样。至少你在思维上，会比别人更加开阔。

人生蓝图，由很多个 3 年拼成。你的人生蓝图，到底能够拼成什么样的图案，完全由你来决定。

20 岁不努力，40 岁会出局，这不仅仅是一种警醒，更是一种召唤。

希望这本书所有的内容，都能够触及你的灵魂深处，给你一点启发。

如果你今年 20 岁，那我希望在你 30 岁的时候，还能记起这本书的一些内容，而你已经在职场中建立起自己独特的核心竞争力；如果你今年 30 岁，那我希望你在 40 岁的时候，已经过上了你年轻时最想要的生活。

真如此，也不枉我这么多个工作日的夜晚和周末挥洒笔墨的坚持。

我对以下诸位心怀感激：

感谢各位学员朋友。是你们，在我需要支持的时候，总能走出来支持我。在这本书里，有可能你会看到你的原型。在这里，谢谢你们的包涵。

感谢海天出版社的朋友。张主任，谢主任，以及其他推广的同事，特别是涂编辑，没有她的慧眼，这本书恐难出版。

感谢我的团队成员。很多时候，我都忙于写书，对团队疏于管理，但你们坚定的眼神告诉我，只管写出对读者有帮助的作品就好。一切只因有你们在。

人生在世，不求昙花一现如流星般绚烂一时，但求无怨无悔如钻石般永恒一世。

我相信，20岁拼命努力的你，终将成为40岁不可替代的自己。

未完，待续。相见，后会有期。